VDE-Schriftenreihe 61

Starkstromanlagen in baulichen Anlagen für Menschenansammlungen

Erläuterungen zu DIN VDE 0108

Baudirektor Herbert Bartels
Dipl.-Ing. Albert Burmeister
Dipl.-Ing. Rüdiger Erdmann
Techn. Direktor Karl-Heinz Lins
Dipl.-Ing. Erich Möller
Dipl.-Ing. Karl Neese

1993

vde-verlag gmbh · Berlin · Offenbach

Schriftleitung: Erhard Sonnenfeld

Die Deutsche Bibliothek – CIP-Einheitsaufnahme

Starkstromanlagen in baulichen Anlagen für Menschenansammlungen: Erläuterungen zu DIN VDE 0108 / Herbert Bartels ... – Berlin; Offenbach: vde-verlag, 1993
  (VDE-Schriftenreihe; 61)
  ISBN 3-8007-1870-7
NE: Bartels, Herbert; Verband Deutscher Elektrotechniker: VDE-
  Schriftenreihe

ISBN 3-8007-1870-7
ISSN 0506-6719

© 1993 vde-verlag gmbh, Berlin und Offenbach
    Bismarckstraße 33, D-1000 Berlin 12

Alle Rechte vorbehalten

Druck: Graphoprint, Koblenz   9304

Vorwort

Schon bei der Beratung und Neufassung der Norm DIN VDE 0108/10.89 wurde vom Komitee 223 beschlossen, hierzu eine Erläuterung in der VDE-Schriftenreihe herauszugeben.
Eingearbeitet in die Erläuterungen sind die Entscheidungen des Komitees zu bestimmten Vorgaben und auch Interpretationen anhand von Anfragen mit Auslegungswünschen zu dieser Bestimmung. Damit soll dieses Buch dazu beitragen, die durch die Bestimmung formulierten Anforderungen und die dahinterstehende Sicherheitsphilosophie zu vertiefen und dem Kreis der Anwender die Umsetzung in die Praxis zu erleichtern.
Die Aussagen in diesem Buch entsprechen der persönlichen Auffassung der Autoren, die jedoch mit Fachkollegen abgestimmt wurde und auf der Mitarbeit an den Bestimmungen im Komitee basiert. Es werden nur die erläuterungsbedürftigen Abschnitte behandelt.
Die einzelnen Abschnitte wurden von den nachstehenden Mitgliedern des Komitees bearbeitet:

Neese: Vorwort, Teil 1, Abschnitte 2.2, 3.1, 3.2, 9, und Teil 3 – Geschäftshäuser und Ausstellungsstätten
Bartels: Teil 1, Abschnitte 1., 2.1, 3.3, 4., 6.3, und Teile 4 – Hochhäuser –, 5 – Gaststätten –, 6 – Geschlossene Großgaragen –, 8 – Fliegende Bauten, Anhang
Möller: Teil 1, Abschnitte 5.1, 5.2, 6.1, 6.2, 6.5, 6.6, 6.7, 7 und 8
Burmeister: Teil 1, Abschnitte 6.4 und 6.8
Lins: Teil 2 – Versammlungsstätten
Erdmann: Teil 7 – Arbeitsstätten

An dieser Stelle sei all denen gedankt, die Anregungen gegeben und Beiträge geleistet haben. Hinweise zu der Norm, die sich aus der Anwendung ergeben, werden gerne weiter entgegengenommen.

Bereits im Jahre 1979 hatte das Komitee 223 beschlossen, eine neue VDE-Bestimmung zu erarbeiten. Sie sollte folgende Ziele verfolgen:
1. überschaubarer und lesbarer werden als die frühere Ausgabe,
2. in Teile nach dem Anwendungsbereich gefaßt werden, damit schnellere Anpassung technischer Neuerungen möglich werden,
3. Änderungen technischer und brandschutztechnischer Entwicklungen aufnehmen.

Aus einem Rückblick wird erkennbar, in welchen Zeiträumen technische Entwicklungen Neufassungen erforderlich machten.
Die Bestimmung VDE 0108 erschien in der 1. Fassung: 01.07.1900, 2. Fassung: 01.07.1902, 3. Fassung: 01.01.1941, 4. Fassung: 01.04.1959, 5. Fassung: 01.02.1972, 6. Fassung: 01.12.1979. Die 7. Fassung gilt ab 01.10.1989.

Aus diesem Überblick ist eine Neufassungsfolge in Abständen von zehn Jahren zu erkennen. Zum Teil sind mit der Neufassung auch Erweiterungen des Anwendungsbereichs erforderlich geworden. So sind bestimmte Schulen und Arbeitsstätten dazugekommen, entfallen sind die Regeln – Ersatzstromversorgung in Krankenhäusern –, die jetzt in der DIN VDE 0107 enthalten sind und auf den Bestimmungen der DIN VDE 0108/10.89 basieren.
Europäische und internationale Normungen können andere Richtungen und Anforderungsschwerpunkte ergeben. Auch aus diesen zu erwartenden Auslegungsproblemen war eine Erläuterung der deutschen Norm und der darin enthaltenen Normansprüche sinnvoll und wünschenswert.
Auf die laufenden Beratungen und Neufassungen im internationalen Bereich wird in den Erläuterungen nicht eingegangen, sondern nur der Inhalt dieser Norm zugrunde gelegt.

Für die neuen Bundesländer gelten mit dem Inkrafttreten des Einigungsvertrages auch hier die DIN-VDE-Bestimmungen. Die nachstehende Veröffentlichung in den DIN-Mitteilungen und der etz Elektrotechnische Zeitschrift vom November 1991 regelt die zeitliche Anwendung und die Gültigkeit der TGL-Regeln für den Anlagen-Bestand:
»**Entscheidung des K 223 zur Einführung der Normen der Reihe DIN VDE 0108 (Starkstromanlagen und Sicherheitsstromversorgung in baulichen Anlagen für Menschenansammlungen) in den neuen Bundesländern und im Ostteil Berlins (Beitrittsgebiet).**
Zu Anfragen aus dem Beitrittsgebiet vertritt das K 223 folgende Auffassung:

Planung
Planungen sind nach DIN VDE 0108 auszuführen.

Fertigstellung von im Bau befindlichen Anlagen (Neubauten, Änderungen und Erweiterungen bestehender Anlagen)
– Im Bau befindliche Anlagen, mit deren Errichtung vor dem 3. Oktober 1990 bereits begonnen wurde und die nach TGL 200–636 geplant waren, dürfen nach dieser Norm fertiggestellt werden.
– Anlagen, die vor dem 3. Oktober 1990 nach TGL 200–636 geplant und genehmigt waren, dürfen nach dieser Norm noch bis zum 31. Dezember 1991 fertiggestellt werden.

Instandsetzung und Prüfung bestehender Anlagen
Nach TGL errichtete Anlagen dürfen nach TGL instand gesetzt und geprüft werden.«

Inhalt

Bedeutung des Randbalkens in der Norm		11
1 Erläuterungen zu DIN VDE 0108 Teil 1		**13**
Zu Teil 1–1	*Anwendungsbereich*	13
	Eindeutigkeit des Anwendungsbereichs	13
	Bauordnungsrechtliche Mustervorschriften der ARGEBAU	13
	Arbeitsschutzvorschriften des Bundes	14
	Anwendung der DIN VDE 0108 auf andere bauliche Anlagen	14
	Gliederung der DIN VDE 0108 in die Teile 1 bis 8	15
	Mehrfache Zuordnung einer baulichen Anlage in den Anwendungsbereich	15
Zu Teil 1–1.1	Abgrenzung des Anwendungsbereichs	15
Zu Teil 1–1.2	Bauliche Anlagen des Anwendungsbereichs	16
Zu Teil 1–2	*Begriffe*	18
Zu Teil 1–2.1	Bauliche Anlagen, Räume und dergleichen	18
Zu Teil 1–2.1.1	Versammlungsstätten	18
Zu Teil 1–2.1.7	Arbeitsstätten	18
Zu Teil 1–2.1.9	Rettungswege	18
Zu Teil 1–2.1.11	Feuerwehraufzüge	18
Zu Teil 1–2.1.12	Personenaufzüge mit besonderen Anforderungen	18
Zu Teil 1–2.2	Beleuchtungstechnik, Elektrotechnik	19
Zu Teil 1–3	*Grundanforderungen*	19
Zu Teil 1–3.1	Allgemeine Stromversorgung	20
Zu Teil 1–3.2	Sicherheitsstromversorgung	20
Zu Teil 1–3.3	Notwendige Sicherheitseinrichtungen	21
Zu Teil 1–3.3.1	Sicherheitsbeleuchtung	21
Zu Teil 1–3.3.2	Andere Sicherheitseinrichtungen	23
Zu Teil 1–4	*Brandschutz, Funktionserhalt*	24
	Baulicher Brandschutz und elektrische Anlagen	24
	Verantwortlichkeit	25
	Übernahme bauordnungsrechtlicher Vorschriften in die DIN VDE 0108	25
	Was gilt: Behördliche Vorschriften oder DIN VDE 0108?	26
	Anhang	26

Zu Teil 1–5	*Allgemeine Stromversorgung*	27
Zu Teil 1–5.1	Betriebsmittel mit Nennspannungen über 1 kV	27
Zu Teil 1–5.1.1	Räume für Schaltanlagen und Transformatoren	27
Zu Teil 1–5.1.2	Schutz von Transformatoren	27
Zu Teil 1–5.2	Betriebsmittel mit Nennspannungen bis 1000 V	28
Zu Teil 1–5.2.2	Verteiler	28
Zu Teil 1–5.2.3	Kabel- und Leitungsanlage	29
Zu Teil 1–5.2.4	Verbraucheranlage	30
Zu Teil 1–6	*Sicherheitsstromversorgung*	32
Zu Teil 1–6.1	Allgemeine Anforderungen	32
Zu Teil 1–6.1.1	Versorgungsübernahme	32
Zu Teil 1–6.1.2 und 6.1.3	Zulässige Ersatzstromquellen	32
Zu Teil 1–6.1.4	Trennung der Versorgung	33
Zu Teil 1–6.1.5	Zentrale Überwachung	34
Zu Teil 1–6.2	Sicherheitsbeleuchtung	34
Zu Teil 1–6.2.1	Schaltungen der Sicherheitsbeleuchtung	36
Zu Teil 1–6.2.2	Rettungszeichen	39
Zu Teil 1–6.2.3	Mindestbeleuchtungsstärke	39
Zu Teil 1–6.3	Elektrische Betriebsräume	39
Zu Teil 1–6.3.1	Räume für Ersatzstromquellen	39
Zu Teil 1–6.3.2	Räume für Hauptverteiler	40
Zu Teil 1–6.3.3	Gemeinsamer Raum für beide Hauptverteiler	40
Zu Teil 1–6.4	Ersatzstromquellen und zugehörige Einrichtungen	41
	Allgemeines zu Ersatzstromquellen und zugehörige Einrichtungen	41
Zu Teil 1–6.4.1	Einzelbatterieanlage	42
Zu Teil 1–6.4.2	Gruppenbatterieanlage	42
Zu Teil 1–6.4.3	Zentralbatterieanlage	43
Zu Teil 1–6.4.4	Ersatzstromaggregat	45
Zu Teil 1–6.4.5	Schnell- und Sofortbereitschaftsaggregat	51
Zu Teil 1–6.4.6	Besonders gesichertes Netz	51
Zu Teil 1–6.5	Netzformen und Schutz gegen gefährliche Körperströme	52
Zu Teil 1–6.5.1	Schutzmaßnahmen bei vorhandenem Netz	52
Zu Teil 1–6.5.2	Schutzmaßnahmen bei Einspeisung aus der Ersatzstromquelle	52
Zu Teil 1–6.6	Verteiler	71
Zu Teil 1–6.6.1	Verteiler-Normen	71
Zu Teil 1–6.6.2	Anordnung der Netzumschaltung	71
Zu Teil 1–6.6.3	Kurzschlußfestigkeit der Netzumschaltung	72
Zu Teil 1–6.6.4	Zulässige Netzkupplung	72
Zu Teil 1–6.6.5	Abschaltung wichtiger Stromkreise	73
Zu Teil 1–6.6.6	Trennung der Unterverteiler	73
Zu Teil 1–6.6.7	Isolationsmessung	73

Zu Teil 1–6.7	Kabel- und Leitungsanlage	73
Zu Teil 1–6.7.1	Zulässige Kabel- und Leitungsbauarten	74
Zu Teil 1–6.7.2	Erd- und kurzschlußsichere Verlegung	74
Zu Teil 1–6.7.3	Durchführen durch Ex-Bereiche	74
Zu Teil 1–6.7.4	Getrennte Verlegung	74
Zu Teil 1–6.7.5	Zentrale Ersatzstromquelle	75
Zu Teil 1–6.7.6	Getrennte Stromkreisführung	78
Zu Teil 1–6.7.7	Getrennte PE und N	78
Zu Teil 1–6.7.8 und 6.7.10	Installationsmaterial	78
Zu Teil 1–6.7.9	Schutz gegen thermische Überlastung	79
Zu Teil 1–6.7.11	Anforderungen an den Aufbau der Sicherheitsstromversorgungsanlage zur selbsttätigen, selektiven Abschaltung im Kurzschlußfalle	79
Zu Teil 1–6.7.12	Absicherung bei Gleichstrom	93
Zu Teil 1–6.7.13	Schutz der Endstromkreise	93
Zu Teil 1–6.7.14	Schalter in Endstromkreisen	93
Zu Teil 1–6.7.16	Aufteilung der Sicherheitsbeleuchtung	93
Zu Teil 1–6.8	Verbraucher und Wechselrichter der Sicherheitsstromversorgung	94
Zu Teil 1–6.8.1	Leuchten	94
Zu Teil 1–6.8.2	Einzel- und Gruppenwechselrichter, elektronische Vorschaltgeräte	94
Zu Teil 1–6.8.3	Zentrale Wechselrichter	94
Zu Teil 1–7	*Pläne und Betriebsanleitungen*	94
Zu Teil 1–7.4	Verbraucherlisten	95
Zu Teil 1–8	*Erstprüfungen*	95
Zu Teil 1–8.2.1	Lüftung von Batterieräumen	96
Zu Teil 1–8.2.2	Lüftung von Aggregaträumen	96
Zu Teil 1–8.2.3	Brandschutzforderungen	96
Zu Teil 1–8.2.4, 8.2.5 und 8.2.6	Nachweis der Verfügbarkeit	97
Zu Teil 1–8.2.7	Nachweis der zulässigen Umschaltzeit	97
Zu Teil 1–8.2.8	Nachweis der Abschaltbedingungen und Selektivität	97
Zu Teil 1–8.2.9	Nachweis der Beleuchtungsstärke	97
Zu Teil 1–8.3	Dokumentation der Prüfergebnisse	98
Zu Teil 1–9	*Instandhaltung*	98
Zu Teil 1–9.1	Warten	98
Zu Teil 1–9.1.1	Batterien	98
Zu Teil 1–9.1.2	Stromerzeugungsaggregate	98
Zu Teil 1–9.2	Inspizieren	99

Zu Teil 1–9.2.1	Prüfung nach DIN VDE 0105	99
Zu Teil 1–9.2.2	Kapazitätsprüfung	99
Zu Teil 1–9.2.3	Funktionskontrolle	100
Zu Teil 1–9.2.4	Prüfung von Einzelbatterien	100
Zu Teil 1–9.3	Instandsetzen	100
Zu Teil 1–9.3.1	Batterieerneuerung	100
Zu Teil 1–9.3.2	Funktionsfähigkeit der Leuchten	100

2 Erläuterungen zu DIN VDE 0108 Teil 2 Versammlungsstätten 101

Zu Teil 2–2	*Begriffe*	101
Zu Teil 2–2.11	Sonderbeleuchtung	101
Zu Teil 2–5	*Allgemeine Stromversorgung*	101
Zu Teil 2–5.2	Betriebsmittel mit Nennspannung bis 1000 V	101
Zu Teil 2–5.2.2	Elektrische Betriebsstätten für Licht- und Tonanlagen	101
Zu Teil 2–5.2.3	Leistungsteile von Lichtstellanlagen	102
Zu Teil 2–5.2.4	Potentialausgleich für Bühneneinrichtungen	102
Zu Teil 2–5.2.5	Verteiler	102
Zu Teil 2–5.2.6	Kabel und Leitungsanlage	103
Zu Teil 2–5.2.7	Verbraucheranlage	104
Zu Teil 2–5.2.8	Sonderbeleuchtung	105
Zu Teil 2–6	*Sicherheitsstromversorgung*	105
Zu Teil 2–6.2	Schaltung der Sicherheitsbeleuchtung	105
Zu Teil 2–6.3	Mindestbeleuchtungsstärke	105
Zu Teil 2–6.3.1	Berücksichtigung von Einbauten	105
Zu Teil 2–6.3.2	Bereitschaftsschaltung	106
Zu Teil 2–6.4	Verteiler	106
Zu Teil 2–6.5	Stromquelle für Versammlungsstätte mit nicht überdachter Spielfläche	106
Zu Teil 2–6.6	Kabel- und Leitungsanlage	106
Zu Teil 2–6.6.2	Sicherheitsstromkreise in Theaterleitungen	106

3 Erläuterungen zu DIN VDE 0108 Teil 3 Geschäftshäuser und Ausstellungsstätten 107

Zu Teil 3–2	*Begriffe*	107
Zu Teil 3–5	*Allgemeine Stromversorgung*	107
Zu Teil 3–5.2	Betriebsmittel mit Nennspannung bis 1000 V	107
Zu Teil 3–5.2.2	Bereichsschalter	107
Zu Teil 3–5.2.3	Leitungsauswahl	108
Zu Teil 3–5.2.4	Verbraucheranlage	108
Zu Teil 3–6	*Sicherheitsstromversorgung*	109
Zu Teil 3–6.2	Hinweise	109

4 Erläuterungen zu DIN VDE 0108 Teil 4 Hochhäuser 111

Zu Teil 4–2	*Begriffe*	111
Zu Teil 4–2.2	Hochhaus	111

Zu Teil 4–6	Sicherheitsstromversorgung	111
Zu Teil 4–6.2	Schaltung der Sicherheitsbeleuchtung in Wohnhochhäusern	111

5 Erläuterungen zu DIN VDE 0108 Teil 5 Gaststätten ... 113

Zu Teil 5–2	Begriffe	113
Zu Teil 5–5	Allgemeine Stromversorgung	113
Zu Teil 5–5.2.1		
5.2.2 und 5.2.3	Vorübergehende Einbauten	113
Zu Teil 5–6	Sicherheitsstromversorgung	114
Zu Teil 5–6.2	Schaltung der Sicherheitsbeleuchtung in Beherbergungsbetrieben	114
Zu Teil 5–6.3	Ständiger Betrieb der Sicherheitsbeleuchtung in Dauerschaltung	114

6 Erläuterungen zu DIN VDE 0108 Teil 6 Geschlossene Großgaragen ... 115

Zu Teil 6–2	Begriffe	115
Zu Teil 6–5	Allgemeine Stromversorgung	115
Zu Teil 6–5.2.2	Ventilatoren zur Garagenlüftung	115
Zu Teil 6–6	Sicherheitsstromversorgung für CO-Warnanlagen	116

7 Erläuterungen zu DIN VDE 0108 Teil 7 Arbeitsstätten ... 117

Zu Teil 7–1	Anwendungsbereich	117
Zu Teil 7–2	Begriffe	118
Zu Teil 7–3	Grundanforderungen	118
Zu Teil 7–3.1	Allgemeine Stromversorgung in Arbeitsstätten	118
Zu Teil 7–3.2	Sicherheitseinrichtungen in Arbeitsstätten	118
Zu Teil 7–4	Brandschutz, Funktionserhalt	119
Zu Teil 7–5	Allgemeine Stromversorgung	119
Zu Teil 7–5.1	Betriebsmittel mit Nennspannung über 1 kV	119
Zu Teil 7–5.2	Betriebsmittel mit Nennspannung bis 1000 V	119
Zu Teil 7–6	Sicherheitsstromversorgung	119
Zu Teil 7–6.1	Betriebsräume für Ersatzstromquellen	119
Zu Teil 7–6.2	Betriebsräume für Hauptverteiler	120
Zu Teil 7–6.5	Kraftstoffbehälter	120
Zu Teil 7–6.6	Getrennte Führung der Stromkreise	120
Zu Teil 7–6.6	Schalten der Endstromkreise	120
Zu Teil 7–6.6	Leuchtenzahl der Endstromkreise	120
Zu Teil 7–9	Instandhaltung	121

8 Erläuterungen zu DIN VDE 0108 Teil 8 Fliegende Bauten 123
Zu Teil 8–2   Begriffe 123

Zu Teil 8–3   Grundanforderungen 123

Zu Teil 8–5   Allgemeine Stromversorgung 123
Zu Teil 8–5.1   Betriebsmittel mit Nennspannungen über 1 kV 123
Zu Teil 8–5.2   Betriebsmittel mit Nennspannungen bis 1000 V 123
Zu Teil 8–5.2.1 Verteiler 124
Zu Teil 8–5.2.2
und 6.4   Kabel- und Leitungsanlage 124
Zu Teil 8–5.2.3 Verbraucheranlage 124

Zu Teil 8–6   Sicherheitsstromversorgung 125
Zu Teil 8–6.1   Allgemeine Anforderungen 125
Zu Teil 8–6.2   Sicherheitsbeleuchtung 125
Zu Teil 8–6.3   Ersatzstromquellen 125
Zu Teil 8–6.3.1 Ersatzstromquellen und Verteiler 125
Zu Teil 8–6.3.2 Kraftfahrzeug-Starterbatterien 125
Zu Teil 8–6.3.3 Trennschalter für Einzel- und Gruppenbatterieanlagen 125

Anhang: *Erläuterungen zu DIN VDE 0108 Teil 1, Abschnitt 4
und zu den baurechtlichen Regelungen im Beiblatt 1 zu
DIN VDE 0108 Teil 1* 127

Zu 4.1   Brandschutztechnische Anforderungen an die Betriebs-
                 räume bestimmter elektrischer Anlagen 127

Zu 4.2   Kabel- und Leitungsanlagen in Rettungswegen........... 131

Zu 4.3   Führung von Kabeln und Leitungen durch Wände
                 und Decken 140

Zu 4.4   Funktionserhalt 143

Stichwortverzeichnis 149

Die DIN-Normen bzw. die DIN-VDE-Normen sind wiedergegeben mit Erlaubnis des DIN Deutsches Institut für Normung e. V. und des Verbandes Deutscher Elektrotechniker (VDE) e. V.
Maßgebend für das Anwenden der Normen ist deren Fassung mit dem neuesten Ausgabedatum, die beim Beuth Verlag GmbH, Burggrafenstraße 6, 1000 Berlin 30, bzw. bei der vde-verlag gmbh, Bismarckstraße 33, 1000 Berlin 12, erhältlich sind.

Bedeutung des Randbalkens in der Normenreihe DIN VDE 0108

Eine Reihe von Einzelfestlegungen der DIN VDE 0108 Teil 1 bis Teil 8 sind mit einem Randbalken gekennzeichnet. Diese Festlegungen haben ihren Ursprung in Vorschriften des Bauordnungsrechts der Bundesländer und des Arbeitsschutzrechts des Bundes, die Vorrang vor den Festlegungen der Norm haben.

Durch Übernahme dieser Vorschriften wird dem Anwender der Norm die Kenntnisnahme und Beachtung dieser Vorschriften in der Baupraxis wesentlich erleichtert. Berücksichtigt werden mußte allerdings, daß die bauordnungsrechtlichen Vorschriften von Bundesland zu Bundesland in Einzelpunkten durchaus voneinander abweichen können. Daher wurden die von der ARGEBAU (Arbeitsgemeinschaft der für das Bau-, Wohnungs- und Siedlungswesen zuständigen Minister der Länder) erarbeiteten jeweiligen **Muster**vorschriften zugrunde gelegt, und es wurde deutlich darauf hingewiesen, daß gegebenenfalls anderslautende Vorschriften der Länder den Normfestlegungen vorgehen. Dem Anwender der Norm ist daher dringend zu empfehlen, sich bei allen mit Randbalken versehenen Festlegungen über den Stand der entsprechenden Vorschrift des betreffenden Bundeslandes zu vergewissern.

Da das Arbeitsschutzrecht Bundesrecht ist, gelten diese Vorschriften im gesamten Bundesgebiet einheitlich, so daß die vorstehende Problematik für diesen Bereich nicht besteht.

Auf die für diese Norm relevanten Vorschriften und deren Umsetzung wird in den Erläuterungen zu den jeweiligen Abschnitten dieser Norm noch näher eingegangen.

1 Erläuterungen zu DIN VDE 0108 Teil 1 Allgemeines

Zu 1 Anwendungsbereich

Eindeutigkeit des Anwendungsbereiches

Eine der ersten wesentlichen Fragen für den Planer und den Errichter der Starkstromanlage eines Gebäudes ist, welche DIN-VDE-Normen er seiner Anlage zugrunde zu legen hat. Der Verfasser der Norm ist daher gehalten, den jeweiligen Anwendungsbereich derart festzulegen, daß diese Frage in jedem Einzelfall für alle Beteiligten klar und eindeutig beantwortet werden kann. Diese Erkenntnis hat dazu geführt, in dieser Ausgabe der DIN VDE 0108 – und im Gegensatz zu früheren Ausgaben – deren Anwendungsbereich nunmehr unmittelbar und abschließend in der Norm selbst zu regeln.
Ausgangspunkt und Maßstab für die Festlegung des Anwendungsbereiches der Normenreihe DIN VDE 0108 waren einerseits bauordnungsrechtliche Vorschriften der Bundesländer und andererseits arbeitsschutzrechtliche (gewerberechtliche) Vorschriften des Bundes, in denen jeweils für bestimmte bauliche Anlagen/Gebäude mit bestimmten Nutzungsarten Grundanforderungen an die Errichtung einer Sicherheitsbeleuchtung, in Einzelfällen auch an die Schaffung einer Sicherheitsstromversorgung für bestimmte Sicherheitseinrichtungen, erhoben werden.

Bauordnungsrechtliche Mustervorschriften der ARGEBAU

Grundlage der bauordnungsrechtlichen Vorschriften der Länder sind Mustervorschriften der ARGEBAU (Arbeitsgemeinschaft der für das Bau-, Wohnungs- und Siedlungswesen zuständigen Minister der Länder). Eine der wesentlichen Aufgaben der ARGEBAU-Gremien ist es, für die verschiedensten Baubereiche **Musterregelungen** zu erarbeiten – soweit erforderlich unter Hinzuziehung der von diesen Regelungen berührten Fachkreise und Verbände – und den Bauaufsichtsbehörden der Länder mit dem Ziel an die Hand zu geben, diese Muster nach Möglichkeit ohne Änderungen in landesrechtliche Regelungen umzusetzen und damit zu möglichst einheitlichen Vorschriften zu kommen.
In diesem Sinne hat die ARGEBAU Mustervorschriften für bestimmte Versammlungsstätten und Geschäftshäuser sowie für Gaststätten, Garagen, Hochhäuser und Schulen ausgearbeitet und beschlossen; sie enthalten unter anderem auch Anforderungen an eine Sicherheitsbeleuchtung. Sie werden entsprechend der Weiterentwicklung der bautechnischen Erkenntnisse und der Änderung der Nutzerbedürfnisse laufend fortgeschrieben. Die Länder haben jedoch bei der Überführung dieser Muster in landesrechtliche Regelungen der Wunschvorstel-

lung nach deckungsgleichen Anforderungen nicht immer entsprechen können. Zum einen konnten sich einzelne Länder nur zu einer teilweisen Übernahme der Mustervorschriften entschließen, und zum anderen wurden die Vorschriften mit erheblicher Zeitversetzung und dadurch bedingt zum Teil auf der Basis unterschiedlicher Musterfassungen erlassen. Hinzu kamen unterschiedliche Ergebnisse der erforderlichen Diskussion im politischen Raum und mit den Landesfachverbänden.
Die für den Anwendungsbereich der DIN VDE 0108 relevanten Festlegungen der geltenden Ländervorschriften stimmen jedoch im wesentlichen untereinander und mit denen der Mustervorschriften überein. Hieraus ergab sich zwangsläufig, den Geltungsbereich der oben genannten Mustervorschriften unverändert als Anwendungsbereich der DIN VDE 0108 zu übernehmen.

Arbeitsschutzvorschriften des Bundes

Die arbeitsschutzrechtlichen Vorschriften sind bundesrechtliche Vorschriften, d. h., sie gelten einheitlich im gesamten Gebiet der Bundesrepublik Deutschland.
§ 7 Absatz 4 der Arbeitsstättenverordnung verlangt für bestimmte Arbeitsstätten den Einbau einer Sicherheitsbeleuchtung. Diese Vorschrift lautet:
»Sind aufgrund der Tätigkeit der Arbeitnehmer, der vorhandenen Betriebseinrichtungen oder sonstiger besonderer betrieblicher Verhältnisse bei Ausfall der Allgemeinbeleuchtung Unfallgefahren zu befürchten, muß eine Sicherheitsbeleuchtung mit einer Beleuchtungsstärke von mindestens eins von Hundert der Allgemeinbeleuchtung, mindestens jedoch von einem Lux vorhanden sein.«
Diese Grundanforderung wurde konkretisiert in der Arbeitsstätten-Richtlinie »Sicherheitsbeleuchtung« (ASR 7/4). Unterschieden wird zwischen Sicherheitsbeleuchtung für Rettungswege sowie Sicherheitsbeleuchtung für Arbeitsplätze mit besonderer Gefährdung.
Der Anwendungsbereich der DIN VDE 0108 wurde daher folgerichtig auf Arbeitsstätten beschränkt, die in den Geltungsbereich des § 7 Absatz 4 der Arbeitsstättenverordnung fallen.

Anwendung der DIN VDE 0108 auf andere bauliche Anlagen

Den für das Bauordnungsrecht oder das Arbeitsschutzrecht zuständigen Behörden bleibt es unbenommen, über den oben genannten Anwendungsmaßstab hinaus allgemein zu regeln oder im besonderen Einzelfall im Rahmen des Baugenehmigungsbescheides oder einer Einzelverfügung zu fordern, daß auch in weiteren Fällen die DIN VDE 0108 angewendet werden muß. Dieser Möglichkeit wurde im Anwendungsbereich der DIN VDE 0108 durch Einfügung einer dementsprechenden Auffangposition in Teil 1, Abschnitt 1.2, letzter Bindestrich, Rechnung getragen.

Gliederung der DIN VDE 0108 in die Teile 1 bis 8

Die Normenreihe DIN VDE 0108 ist derart aufgebaut, daß die Festlegungen des Teils 1 – abgesehen von einzelnen speziellen Abweichungen – für alle baulichen Anlagen und ergänzend hierzu die Festlegungen der Teile 2 bis 8 für die jeweilige spezielle Art der baulichen Anlage anzuwenden sind. Der jeweilige Anwendungsbereich der Teile 2 bis 8 zeigt korrespondierend zum Anwendungsbereich des Teils 1 auf, für welche der in Teil 1 erfaßten baulichen Anlagen dieser zusätzliche Teil zu beachten ist.

Mehrfache Zuordung einer baulichen Anlage in den Anwendungsbereich

In vielen Einzelfällen kann die betreffende bauliche Anlage mehreren der im Anwendungsbereich aufgeführten Anlagenarten zugeordnet werden. So kann sich z. B. eine Versammlungsstätte in einem Hochhaus befinden, oder eine Schank- und Speisewirtschaft soll auch als eine Versammlungsstätte genutzt werden. In derartigen Fällen gilt, daß die Starkstromanlage den Festlegungen für alle zutreffenden Arten der baulichen Anlage entsprechen muß, d. h., daß die jeweils höherwertige Sicherheitsanforderung maßgebend ist (siehe DIN VDE 0108 Teil 1, Abschnitte 3.1 und 3.2, jeweils letzter Satz).

Zu 1.1 [Abgrenzung des Anwendungsbereiches]*)

In diesem Abschnitt wird klargestellt, daß die DIN VDE 0108 Teil 1 nur für die Starkstromanlagen und Sicherheitsstromversorgung derjenigen Bereiche und zugehörigen Rettungswege von baulichen Anlagen (Gebäuden) gilt, die entsprechend den Festlegungen im Abschnitt 1.2 genutzt werden. Dies gilt sinngemäß auch für die Teile 2 bis 8 der DIN VDE 0108.
Folgende Beispiele sollen die Abgrenzung verdeutlichen:
a) **Versammlungsstätte** (z. B. Vortragsraum mit mehr als 200 Besucherplätzen) in einem im übrigen für Bürozwecke genutzten Gebäude:
   – Ist das Gebäude kein Hochhaus, so ist DIN VDE 0108 nur auf den Bereich der Versammlungsstätte und der zugehörigen Rettungswege (siehe DIN VDE 0108 Teil 1, Abschnitt 2.1.9) anzuwenden.
   – Ist das Gebäude ein Hochhaus, so unterliegt das gesamte Gebäude der DIN VDE 0108, und zwar für die Versammlungsstätte einschließlich der zugehörigen Rettungswege den Festlegungen für Versammlungsstätten, im übrigen den Festlegungen für Hochhäuser.

---

*) Um die Übersichtlichkeit zu erhöhen, wird allen erläuterten Abschnitten eine Überschrift vorangestellt. Falls sie in DIN VDE 0108 fehlt, wird sie hierfür gebildet und zwischen eckige Klammern gesetzt.

b) **Verkaufsstätte** in den unteren Geschossen eines Gebäudes (kein Hochhaus), in den übrigen Geschossen Büronutzung (Fremdnutzung):
DIN VDE 0108 gilt für die Verkaufsstätte mit sämtlichen zugehörigen Räumen und Rettungswegen, d. h. auch für die entsprechenden Büroräume; sie gilt jedoch nicht für die fremdgenutzten Bürogeschosse einschließlich der zugehörigen Rettungswege, es sei denn, daß diese Geschosse Arbeitsstätten im Geltungsbereich des § 7 Absatz 4 der Arbeitsstättenverordnung sind.
c) **Schank- und Speisewirtschaft** mit weniger als 400 Gastplätzen in einem Theatergebäude für mehr als 100 Besucher:
Ist die Schank- und Speisewirtschaft in die Nutzung des Theaters eingebunden und von den Räumen des Theaters aus unmittelbar zugänglich, so müssen die Starkstromanlagen und die Sicherheitsstromversorgung der Schank- und Speisewirtschaft DIN VDE 0108 entsprechen; dies gilt jedoch nicht, wenn die Schank- und Speisewirtschaft in einem separaten Brandabschnitt liegt, d. h. von den Räumen des Theaters durch feuerbeständige Bauteile abgetrennt ist und nur vom Freien aus zugänglich ist.

Zu 1.2 [Bauliche Anlagen des Anwendungsbereichs]

Wie bereits erläutert, entsprechen die in Abschnitt 1.2 aufgeführten baulichen Anlagen – ausgenommen Ausstellungsstätten – dem jeweiligen Anwendungsbereich der für diese Anlagen gegebenen Vorschriften der Länder bzw. des Bundes. Verständlich und klar wird der so festgelegte Anwendungsbereich erst in Verbindung mit den in DIN VDE 0108 Teil 1, Abschnitt 2.1, sowie in DIN VDE 0108 Teil 2 bis Teil 8, Abschnitt 2, erklärten Begriffen für die baulichen Anlagen, Räume und dergleichen, die wiederum den Landes- bzw. Bundesvorschriften entnommen worden sind.
Ergänzend hierzu wird auf folgendes hingewiesen:
a) Maßgebend für die Zahl der Besucher bei Versammlungsstätten sowie bei Schank- oder Speisewirtschaften ist der von der Bauaufsichtsbehörde genehmigte Bestuhlungsplan. Ist eine Bestuhlung generell oder für bestimmte Veranstaltungsarten nicht vorgesehen, so sind je m^2 Grundfläche der Versammlungsräume zwei Besucher zu rechnen.
b) Bei Versammlungsstätten mit unterschiedlichen Benutzungsarten ist die jeweils größte Besucheranzahl maßgebend (siehe Anmerkung zu Versammlungsstätten). Faßt z. B. ein Versammlungsraum mit Bestuhlung weniger als 200 Besucher (außerhalb des Anwendungsbereichs der Norm), bei Veranstaltungen ohne Bestuhlung jedoch mehr als 200 Besucher (innerhalb des Anwendungsbereichs der Norm), so muß DIN VDE 0108 angewendet werden.
Ist in einem anderen Beispiel ein Versammlungsraum mit Bestuhlung für 150 Besucher zum einen als Vortragsraum (außerhalb des Anwendungsbereichs der Norm) und zum anderen für Filmvorführungen (innerhalb des Anwendungsbereichs der Norm) vorgesehen, so müssen die Starkstromanlagen wiederum DIN VDE 0108 entsprechen.

c) Eingeschossige geschlossene Großgaragen mit festem Benutzerkreis fallen nicht in den Geltungsbereich der DIN VDE 0108. Unter Garagen mit festem Benutzerkreis sind insbesondere Garagen von Wohngebäuden, Garagen für die Beschäftigten eines Industrie- oder Gewerbebetriebes sowie Bürohausgaragen, die nur den dort Tätigen zugänglich sind, zu verstehen. Demgegenüber kann z. B. bei öffentlichen Garagen oder bei Garagen für Versammlungsstätten, Verkaufsstätten oder Ausstellungsstätten nicht von einem festen Benutzerkreis ausgegangen werden.

d) In Arbeitsstätten nach §7 Absatz 4 der Arbeitsstättenverordnung ist entsprechend den Maßgaben der Arbeitsstätten-Richtlinie ASR 7/4 eine Sicherheitsbeleuchtung für Rettungswege bzw. für Arbeitsplätze mit besonderer Gefährdung erforderlich.

Sicherheitsbeleuchtung für Rettungswege ist z. B. in
- Arbeits- und Lagerräumen mit einer Grundfläche von mehr als 2000 m²,
- Arbeits- und Pausenräumen in mehr als 22 m Höhe über der Geländeoberfläche,
- Arbeitsräumen ohne Fenster mit einer Grundfläche $> 100\,m^2$ (bei Grundflächen von 30 bis 100 m² sind mindestens an den Ausgängen Rettungszeichenleuchten zu installieren),
- explosions- und giftstoffgefährdeten Arbeitsräumen mit einer Grundfläche $> 100\,m^2$ (bei Grundflächen von 30 bis 100 m² sind mindestens an den Ausgängen Rettungszeichenleuchten anzubringen),
- Laboratorien mit besonderer Gefährdung mit einer Grundfläche $> 600\,m^2$ (bei Grundflächen von 30 bis 600 m² sind mindestens an den Ausgängen Rettungszeichenleuchten vorzusehen),
- Rettungswegen zu den vorgenannten Räumen

einzurichten.

Sicherheitsbeleuchtung für Arbeitsplätze mit besonderer Gefährdung ist einzurichten, wenn durch den Ausfall der allgemeinen Stromversorgung
- eine unmittelbare Unfallgefahr besteht (z. B. Umgang mit heißen Massen, bestimmte Gefahrstoff-Arbeitsplätze, Arbeitsplätze an schnellaufenden Maschinen) oder
- besondere Gefahren für andere Arbeitnehmer entstehen können (z. B. Schaltwarten, Leitstände, Bedienplätze an Aggregaten, Arbeitsplätze an Absperr- und Regeleinrichtungen).

e) Für die Anwendung von DIN VDE 0108 gemäß dem letzten Bindestrich in Teil 1, Abschnitt 1.2, können z. B. folgende Fälle in Betracht kommen:
- Nur geringfügige Unterschreitung der jeweiligen Bemessungsgrenze (Zahl der Besucherplätze, Größe der Nutzfläche der Verkaufs- oder Ausstellungsräume usw.) und ungünstige Rettungs- und Brandbekämpfungsmöglichkeiten,
- bauliche Anlagen anderer Art, wie z. B. Hallenbäder oder Pflegeheime.

Entschließen sich die Behörden, im Einzelfall zu verlangen, daß DIN VDE 0108 anzuwenden ist, so muß auch im Detail bestimmt werden, auf welche Einzelfestlegungen bzw. auf welche Art der baulichen Anlage sich diese Anforderung bezieht.

Zu 2 Begriffe

Zu 2.1 Bauliche Anlagen, Räume und dergleichen

In diesem Abschnitt werden die Begriffe definiert, die bei der Festlegung des Anwendungsbereiches der Normenreihe DIN VDE 0108 verwendet werden. Weitere wichtige Begriffe sind in Teil 2 bis Teil 8 der DIN VDE 0108 enthalten. Soll im Einzelfall festgestellt werden, ob eine bestimmte bauliche Anlage in den Anwendungsbereich der DIN VDE 0108 fällt, so müssen diese Begriffe mit herangezogen werden.
Soweit für die aufgeführten baulichen Anlagen Vorschriften der Länder und des Bundes bestehen (siehe Erläuterungen zu Abschnitt 1), decken sich die Begriffe in Abschnitt 2.1 im allgemeinen mit den gleichlautenden Begriffen dieser Vorschriften.

Zu 2.1.1 Versammlungsstätten

Zu den Versammlungsstätten sind auch solche zu zählen, die zwar zunächst für den Gottesdienst bestimmt sind, die jedoch auch für kulturelle oder künstlerische Veranstaltungen genutzt werden.

Zu 2.1.7 Arbeitsstätten

Diese Begriffe entsprechen denen in § 2 der Arbeitsstättenverordnung.

Zu 2.1.9 Rettungswege

Rettungswege sind in bestimmten Fällen auch die auf dem Grundstück außerhalb der baulichen Anlagen gelegenen Wege, die bis zu öffentlichen Verkehrsflächen führen, d. h., derartige Rettungswege müssen ebenfalls eine Sicherheitsbeleuchtung erhalten.

Zu 2.1.11 Feuerwehraufzüge

Feuerwehraufzüge sind spezielle Aufzüge in höheren Gebäuden, die sich durch eine besonders sichere Bauweise und durch eine spezielle Steuerung von den übrigen Aufzügen des Gebäudes unterscheiden und im Brand- oder Rettungsfall von den Einsatzkräften der Feuerwehr benutzt werden. Die Anforderungen an die elektrische Anlage von Feuerwehraufzügen sind in den Technischen Regeln Aufzüge – TRA 200 – festgelegt.

Zu 2.1.12 Personenaufzüge mit besonderen Anforderungen

Personenaufzüge mit besonderen Anforderungen sind die in Gebäuden üblichen Aufzüge, für die jedoch eine Sicherheitsstromversorgung gefordert wird (siehe

DIN VDE 0108 Teil 1, Abschnitt 3.3.2), die in Verbindung mit einer besonderen Aufzugssteuerung bewirkt, daß bei Ausfall der allgemeinen Stromversorgung die Aufzüge nacheinander selbsttätig in ein Eingangsgeschoß gefahren werden und die in den Aufzügen befindlichen Personen das Gebäude gefahrlos verlassen können. Danach dürfen diese Aufzüge aus Sicherheitsgründen nicht mehr benutzt werden, d. h., sie bleiben im Eingangsgeschoß stehen.

Zu 2.2 Beleuchtungstechnik, Elektrotechnik

Der völlig geänderte Aufbau, die Erweiterung der Anwendung und die Einführung neuer Technologien führte zwangsläufig auch zu neuen Begriffen. In den Abschnitten 2.2.1 bis 2.2.7 werden Erklärungen und Bestimmungen zur Beleuchtungstechnik gegeben.

Ein Teil der Begriffe der Beleuchtungstechnik wurde aus den vorangegangenen Normenfassungen übernommen. Weitere Begriffe stammen aus der DIN 5035 Teil 5, »Innenraumbeleuchtung mit künstlichem Licht; Notbeleuchtung«. Mit dieser Übernahme wird auch eine Übereinstimmung zu den Begriffen des Arbeitsstättenrechts und der dazugehörigen Arbeitsstättenrichtlinie erreicht. Im einzelnen erklären sich diese Begriffe aus sich selbst.

Die Abschnitte 2.2.8 bis 2.2.22 erklären die Begriffe für die Sicherheitsstromversorgung, Ersatzstromquellen, deren Betriebsarten und Betriebsdauern sowie die Begriffe für die Beurteilung der Funktion und Wirksamkeit.

Zu diesen Begriffen gibt es aus den Vorgänger-Normen nur wenige Übernahmen. Die Erweiterung wurde insbesondere notwendig, weil in der neuen Norm die Sicherheitsstromversorgungsanlage aufgenommen und geregelt wurde. Neben der Erklärung des Umfangs dieser Anlage gehört auch die Klärung der notwendigen Sicherheitseinrichtungen im Abschnitt 2.2.9 dazu.

Mit der Ausweitung der Norm auf die Sicherheitsstromversorgungsanlage, Abschnitt 2.2.8, mußten auch zwangsläufig die unter Abschnitt 2.2.10 aufgeführten Varianten verschiedener Ersatzstromquellen erklärt werden. In diesen Begriffen sind auch die Grenzwerte der Leistungen und Umschaltzeiten zur Unterscheidung der Einsatzbereiche wiedergegeben.

Erstmalig wird im Abschnitt 2.2.17 die Störung der allgemeinen Stromversorgung definiert. Die Zeitangabe und der Prozentsatz der Spannungsabsenkung orientieren sich an in der Praxis meßbaren Zeiten und meist durch handelsübliche Schaltschütze erreichbare Werte.

Zu 3 Grundanforderungen

Die neue Ordnung der Norm und der allgemeine Aufbau von Sicherheitsanforderungen führte zu der Voranstellung von Grundanforderungen, die sich sowohl auf die allgemeine Stromversorgung als auch auf die Sicherheitsstromversorgung und die aus ihr versorgten notwendigen Sicherheitseinrichtungen beziehen.

Diese Abschnitte enthalten die **grundsätzlichen** Mindestanforderungen an starkstromtechnische Einrichtungen für bauliche Anlagen für Menschenansammlungen unter Einbeziehung auch internationaler Überlegungen zur Einteilung solcher Anlagen nach der Gefährdung von Menschen. Das Ziel bestand darin, durch die Voranstellung von Grundanforderungen die den Anforderungen zugrunde liegende Sicherheitsphilosophie deutlich zu machen.

Gegenüber der bisherigen Norm, die sich hauptsächlich mit der Errichtung und dem Betrieb von Sicherheitsbeleuchtung befaßte, mußte die Neufassung aufgrund der nationalen und internationalen Anforderungen auch die Stromversorgung von notwendigen Sicherheitseinrichtungen – außer der Beleuchtung – regeln.

Dazu gehörte auch die Ausweitung der Norm, dem Stand der Technik entsprechend, durch Aufnahme weiterer zulässiger Ersatzstromquellen, wie Schnell- und Sofortbereitschaftsaggregate, und das besonders gesicherte Netz, auch für die Versorgung der Sicherheitsbeleuchtung.

Die erfolgte Gleichstellung der Gruppenbatterieanlage mit der Zentralbatterieanlage hat nicht zum Ziel, daß eine größere bauliche Anlage aus mehreren Gruppenbatterieanlagen versorgt werden sollte. Einschränkungen für die Gruppenbatterieanlagen ergeben sich weiterhin aus der Leistungsbegrenzung.

Zu 3.1 Allgemeine Stromversorgung

Grundsätzlich gelten für die Errichtung und das Instandhalten von Starkstromanlagen die Normen DIN VDE 0100, DIN VDE 0101 und DIN VDE 0105. Jedoch werden für die baulichen Anlagen für Menschenansammlungen weitergehende Forderungen gestellt. Diese beziehen sich auf »Elektrische Betriebsräume«, geregelt durch das Baurecht, die »Verteiler«, die auch erhöhten sicherheitstechnischen Ansprüchen genügen müssen.

Die Sicherheit des Gebäudes muß auch durch eine besonders sorgfältige und elektrisch sichere Installation gewährleistet werden, wozu Anforderungen an »Kabel- und Leitungsanlagen und Verbraucheranlagen« erhoben werden.

Alle Forderungen dieser vorgenannten Abschnitte sollen möglichst einen Ausfall der allgemeinen Stromversorgung ausschließen. Da den einzelnen baulichen Anlagen unterschiedliche Gefährdungspotentiale zuzuordnen sind und auch Nutzungen mit höheren Panikgefahren bestehen, sollen die Anforderungen für die höchste Sicherheit angewandt werden. Auf die entsprechenden Erläuterungen zu Teil 1, Abschnitt 1, Allgemeines – Mehrfache Zuordnung einer baulichen Anlage in den Anwendungsbereich – wird verwiesen.

Zu 3.2 Sicherheitsstromversorgung

Ausgehend von der IEC und der DIN VDE 0100 Teil 560 sind grundsätzlich Forderungen für die »Sicherheitsstromversorgung« aufgestellt. Im Anwendungsbereich der Norm DIN VDE 0100 Teil 560 wurde bereits ausgesagt, daß vorrangig die besonderen Bestimmungen der DIN VDE 0107 und 0108 gelten und die Anwendung und Ausführung in diesen Fällen durch behördliche Verordnungen geregelt sind. Deshalb sind im Anwendungsbereich der DIN VDE 0108 Sicherheitsstromversorgungen vorzusehen, wenn notwendige Sicherheitseinrichtungen vorhanden sind.

Unter einer Sicherheitsstromversorgungsanlage wird die Gesamtheit der Einrichtung, bestehend aus der Ersatzstromquelle, den Schalteinrichtungen, Verteilungs- und Endstromkreisen bis zu den Anschlußklemmen des Verbrauchers, verstanden. Die Forderungen der Norm schließen außerdem auch die Sicherheit der Steuerung solcher Anlagen ein. Durch diese Forderung wird die Norm auch auf eine Anlagenstörung im Brandfall ausgeweitet.

Anlagen, die nach DIN VDE 0108 errichtet werden, decken auch die Forderung der DIN VDE 0100 Teil 560 nach Sicherheit für Personen bei Ausfall der allgemeinen Stromversorgung ab.

Eine Sicherheitsstromversorgung wird grundsätzlich für die Speisung der notwendigen Sicherheitseinrichtungen gefordert. Zu den notwendigen Sicherheitseinrichtungen gehören, abhängig von den behördlichen Forderungen, im wesentlichen die Sicherheitsbeleuchtung, Anlagen zur Löschwasserversorgung, die Druckerhaltungsanlagen für Hydranten und Sprinklerpumpen, Feuerwehraufzüge, Personenaufzüge mit besonderen Anforderungen, Anlagen zur Alarmierung wie Lautsprecheranlagen, CO-Warnanlagen und Rauchabzugsvorrichtungen sowohl als mechanische Entqualmungsanlagen wie auch als Steuerungs- und Auslöseeinrichtungen von Rauchabzugsklappen.

Der Aufbau der Anlage, die Kapazität der Ersatzstromquelle, die Umschaltzeit sowie der Aufbau des Leitungsnetzes und der Verteiler sind abhängig von dem Gefährdungspotential der baulichen Anlage. Hier können Unterschiede hinsichtlich der Anhäufung von brennbaren Stoffen, d. h. der Brandgefährdung, und der Ansammlung von orts- oder ortsunkundigen Menschen gemacht werden. Diese Parameter haben auch Eingang in die Tabellen 1 und 2 der Abschnitte 3.3.1 und 3.3.2 gefunden.

Zu 3.3 Notwendige Sicherheitseinrichtungen

Zu 3.3.1 Sicherheitsbeleuchtung

Grundlage der Errichtung der Sicherheitsbeleuchtung sind im allgemeinen die geltenden Vorschriften im Bauordnungsrecht der Bundesländer und im Arbeitsschutzrecht des Bundes oder im konkreten Einzelfall eine Forderung im Baugenehmigungsbescheid (siehe Erläuterungen zu den Abschnitten 1 und 2). Dabei beschränken sich die behördlichen Vorschriften mit wenigen Ausnahmen (siehe hierzu Ausführungen im nächsten Absatz) auf die Grundforderung nach Errichtung einer Sicherheitsbeleuchtung, d. h., technische Einzelheiten sind nicht festgelegt. Auch in Baugenehmigungsbescheiden wird häufig so verfahren. Wie auf

vielen anderen technischen Gebieten, wird auch hier rechtlich darauf abgestellt, daß die Sicherheitsbeleuchtung den allgemein anerkannten Regeln der Technik entsprechend zu errichten und zu betreiben ist. In diesem Sinne werden die Normen DIN VDE mit dem Schwerpunkt DIN VDE 0108 als technische Ausführungsbestimmungen angesehen.
Die bauordnungsrechtlichen Vorschriften der Bundesländer (z. B. Versammlungsstättenverordnung, Geschäftshausverordnung, Gaststättenbauverordnung, Garagenverordnung, Hochhausrichtlinien) enthalten im wesentlichen zu folgenden Punkten Einzelfestlegungen für die Sicherheitsbeleuchtung:
– Bereiche innerhalb und zum Teil auch außerhalb der Gebäude, in denen eine Sicherheitsbeleuchtung erforderlich ist,
– Vorhandensein einer Ersatzstromquelle,
– Umschaltzeit/Einschaltzeit bei Störung der allgemeinen Stromversorgung,
– Betriebsdauer der Ersatzstromquelle,
– Betriebszeiten der Sicherheitsbeleuchtung,
– Beleuchtungsstärke der Sicherheitsbeleuchtung.
Abweichungen hierzu können von Bundesland zu Bundesland und von Gebäudeart zu Gebäudeart durchaus auftreten.
Bei der Erarbeitung der Neufassung der DIN VDE 0108 erschien es insbesondere aus der Sicht des Anwenders dieser Norm in der Praxis dringend geboten, die vorstehenden Anforderungen der behördlichen Vorschriften in die Norm zu integrieren. Dem Grundsatz, daß Normen den geltenden – in der Bundesrepublik Deutschland nicht immer deckungsgleichen – Rechtsvorschriften über Sicherheitsbeleuchtung entsprechen müssen, konnte aber nur dadurch Rechnung getragen werden, daß die **Muster**vorschriften der ARGEBAU übernommen wurden (siehe Erläuterungen zu den Abschnitten 1 und 2) und durch Anbringung eines Randbalkens deutlich darauf hingewiesen wurde, daß hierzu behördliche Vorschriften bestehen oder bestehen können und im Falle einer von der DIN VDE 0108 abweichenden Festlegung diese behördlichen Vorschriften maßgebend sind (siehe auch Erläuterungen zur Bedeutung der Randbalken).
Hieraus ergibt sich für den Anwender der DIN VDE 0108 die dringende Empfehlung, bei allen mit einem Randbalken versehenen Festlegungen zu prüfen, ob zu diesen Punkten behördliche Vorschriften bestehen und wie sie gegebenenfalls lauten. In Zweifelsfällen sollte die zuständige Bauaufsichtsbehörde um Auskunft gebeten werden. Sind für den einzelnen Anwendungsfall keine diesbezüglichen Vorschriften gegeben, gilt als Beurteilungsmaßstab allein die DIN VDE 0108 Teil 1, Abschnitt 3.3.1.
Die Arbeitsstättenverordnung des Bundes enthält in § 7 Absatz 4 ebenfalls einzelne Anforderungen an die Sicherheitsbeleuchtung in Arbeitsstätten. Über die Sicherheitsbeleuchtung für Rettungswege und für Arbeitsplätze mit besonderer Gefährdung in Arbeitsstätten wurden in der Arbeitsstätten-Richtlinie ASR 7/4 konkretisierende Festlegungen getroffen. Diese bundeseinheitlichen Vorschriften waren ebenfalls Maßstab für die Festlegungen über Sicherheitsbeleuchtung in der DIN VDE 0108 (siehe Teil 7, Abschnitt 3.2).

Zu 3.3.1 Satz 1, 1 bis 8 [Räume und Bereiche mit Sicherheitsbeleuchtung]
Die Festlegungen in DIN VDE 0108 Teil 1, Abschnitt 3.3.1, Satz 1, Nummern 1 bis 8, entsprechen im wesentlichen den jeweiligen Mustervorschriften der ARGEBAU.
Eine Sicherheitsbeleuchtung muß **zusätzlich** zur allgemeinen Beleuchtung vorhanden sein. Verlangt wird für die Sicherheitsbeleuchtung, ausgenommen bei Einzelbatterieanlagen, somit ein eigenes Netz mit eigenen Verteilern, eigener Kabel- und Leitungsanlage und eigenen Lampen. Durch die konsequente Trennung der Netze für die allgemeine Beleuchtung und für die Sicherheitsbeleuchtung wird erreicht, daß elektrische Fehler im Beleuchtungsnetz (z. B. Ausfall einer Steigeleitung) nicht zu einem gleichzeitigen Ausfall beider Beleuchtungssysteme führen. Mit diesen getrennten Netzen kann außerdem ein optimaler Funktionserhalt der Sicherheitsbeleuchtung entsprechend DIN VDE 0108 Teil 1, Abschnitt 4.4, erreicht werden.
Nach **Nummer 1** ist eine Sicherheitsbeleuchtung in allen Rettungswegen erforderlich. Rettungswege sind die in Abschnitt 2.1.9 aufgeführten Verkehrsflächen auf Grundstücken und Bereiche innerhalb baulicher Anlagen; dieser Begriff wurde ebenfalls aus den Mustervorschriften übernommen. Hieraus ergibt sich, daß bei bestimmten baulichen Anlagen auch außerhalb der Gebäude auf dem Grundstück befindliche Verkehrsflächen und -wege, die für das sichere Verlassen, die Rettung von Menschen und die Durchführung von Löscharbeiten erforderlich sind, mit einer Sicherheitsbeleuchtung auszurüsten sind. Für diesen Teil der Sicherheitsbeleuchtung gelten dieselben Einzelfestlegungen wie für den Teil innerhalb des Gebäudes.

Zu 3.3.1 letzter Satz und Tabelle 1
Die Festlegungen in DIN VDE 0108 Teil 1, Tabelle 1, über die Mindestbeleuchtungsstärke, Umschaltzeit und Nennbetriebsdauer der Ersatzstromquelle entsprechen den bauordnungsrechtlichen Mustervorschriften und im wesentlichen den geltenden Vorschriften der Bundesländer.

Zu 3.3.2 und Tabelle 2 Andere Sicherheitseinrichtungen

Im Gegensatz zur Sicherheitsbeleuchtung enthalten die allgemein geltenden behördlichen Vorschriften Regelungen zur Frage der Sicherheitsstromversorgung von notwendigen Sicherheitseinrichtungen nur in Einzelfällen, d. h., der Gesetzgeber hat von seinem Regelungsrecht auf diesem Sektor nur zum Teil Gebrauch gemacht. Im Abschnitt 3.2 dieser Norm wurde daher grundlegend festgelegt, daß für die – gegebenenfalls behördlicherseits geforderten – notwendigen Sicherheitseinrichtungen nach Abschnitt 3.3.2 eine Sicherheitsstromversorgung erforderlich ist. Das schließt nicht aus, daß im Einzelfall auch für andere Sicherheitseinrichtungen eine Sicherheitsstromversorgung gefordert werden kann. Der Randbalken zu Abschnitt 3.3.2 weist darauf hin, daß unter Umständen in behördlichen Vorschriften eine anderslautende Regelung getroffen wurde, die dann Beurteilungsmaßstab ist.

Hingewiesen wird darauf, daß der Begriff »Sicherheitsstromversorgung« in der DIN VDE 0108 gleichzusetzen ist mit dem Begriff »Ersatzstromversorgung« in einzelnen behördlichen Vorschriften.

Zu 3.3.2 b) Feuerwehraufzüge
Weitere Anforderungen an die elektrische Ausrüstung von Feuerwehraufzügen (Begriff siehe DIN VDE 0108 Teil 1, Abschnitt 2.1.11) sind in den Technischen Regeln für Aufzüge – TRA 200 – festgelegt.

Zu 4 Brandschutz, Funktionserhalt

Baulicher Brandschutz und elektrische Anlagen

Eines der wesentlichen Schutzziele der Bauordnungen der Bundesländer ist die Brandsicherheit der Gebäude. Hierzu enthalten die Landesbauordnungen sowie die weiterführenden Rechtsverordnungen und Technischen Baubestimmungen eine Vielzahl von grundlegenden und detaillierten Anforderungen mit der Generalklausel, daß bauliche Anlagen so beschaffen sein müssen, daß der Entstehung eines Brandes und der Ausbreitung von Feuer und Rauch vorgebeugt wird und bei einem Brand die Rettung von Menschen und Tieren sowie wirksame Löscharbeiten möglich sind. Diesen Vorschriften über den vorbeugenden baulichen Brandschutz unterliegen nicht nur der Gebäudekörper (Rohbau), sondern grundsätzlich auch die gebäude- und betriebstechnischen (haustechnischen) Anlagen des Gebäudes, wie z. B. die elektrischen Anlagen und Leitungsanlagen aller Art (Lüftungsanlagen, Rohrleitungsanlagen). Der Gesetzgeber hat sich vorbehalten, in diesem Rahmen auch die ihm erforderlich erscheinenden, mit der elektrischen Anlage im Zusammenhang stehenden Festlegungen selbst zu treffen.
Bei diesen Brandschutzvorschriften geht es vor allem um folgende Gesichtspunkte:
– Die Betriebsräume bestimmter elektrischer Anlagen müssen so beschaffen sein, daß sich ein Brand in diesen Räumen nicht auf andere Räume ausbreiten kann,
– die elektrischen Anlagen dürfen die Rettung von Personen und Tieren sowie die Brandbekämpfung nicht erschweren, d.h., die Rettungswege in Gebäuden müssen von Brandlast in Form von elektrischen Betriebsmitteln weitgehend freigehalten werden,
– die Kabel und Leitungen dürfen nicht zu einer Ausbreitung eines Brandes in andere Brandabschnitte beitragen, d.h., bei der Durchführung von Kabeln und Leitungen durch brandabschnittsbegrenzende Bauteile müssen Brandabschottungsmaßnahmen getroffen werden, und
– die elektrischen Anlagen von bestimmten notwendigen Sicherheitseinrichtungen müssen im Brandfall über einen angemessenen Zeitraum funktionsfähig bleiben, d.h. vor äußerer Brandeinwirkung geschützt werden.

Verantwortlichkeit

Verantwortlich für die Umsetzung der vorgenannten Vorschriften bei der Durchführung von Bauvorhaben sind nach den Landesbauordnungen »die am Bau Beteiligten«, und zwar
- der Bauherr; er hat zur Vorbereitung, Überwachung und Ausführung der Baumaßnahmen einen fachlich geeigneten Entwurfsverfasser, Unternehmer und Bauleiter zu bestellen,
- der Entwurfsverfasser (Architekt oder Fachplaner); er muß nach Sachkunde und Erfahrung geeignet sein, und er hat unter anderem dafür zu sorgen, daß die Planvorlagen den behördlichen Vorschriften und den allgemein anerkannten Regeln der Technik entsprechen,
- der Unternehmer; er ist für die ordnungsgemäße, den Vorschriften entsprechende Ausführung der von ihm übernommenen Arbeiten verantwortlich,
- der Bauleiter; er hat als Vertreter des Bauherrn darüber zu wachen, daß die Baumaßnahme den Vorschriften und gegebenenfalls den Festlegungen im Baugenehmigungsbescheid und in den genehmigten Bauzeichnungen entsprechend ausgeführt wird.

Bei der Durchführung von Bauvorhaben hat sich immer wieder gezeigt, daß eine sachgerechte und vorschriftsmäßige Ausführung der erforderlichen Brandschutzmaßnahmen an den elektrischen Anlagen nur dann sichergestellt werden kann, wenn die am Bau Beteiligten bereits frühzeitig, d. h. möglichst in der Planungsphase, diese Thematik aufgreifen und ein Brandschutzkonzept entwickeln. Dies gilt um so mehr, als hieran in der Regel mehrere Gewerke beteiligt sind, deren Arbeiten koordiniert werden müssen. Außerdem sollten die erforderlichen Abstimmungen mit den zuständigen Behörden und gegebenenfalls mit dem einzuschaltenden Sachverständigen so rechtzeitig erfolgen, daß eventuelle Änderungen noch problemlos vorgenommen werden können.

Übernahme bauordnungsrechtlicher Vorschriften in die DIN VDE 0108

Da insbesondere für den Planer und den bauausführenden Unternehmer die Kenntnis der einschlägigen Vorschriften über den Brandschutz und den Funktionserhalt der elektrischen Anlagen unumgänglich erforderlich ist, hat sich der Verfasser der Norm in enger Abstimmung mit der ARGEBAU entschlossen, die diesbezüglichen bauordnungsrechtlichen Regelungen in die DIN VDE 0108 zu integrieren und dem Anwender gemeinsam mit den elektrotechnischen Festlegungen als ein übersichtliches Paket an die Hand zu geben. Dabei mußte jedoch wiederum berücksichtigt werden, daß der Stand der Länderregelungen unterschiedlich ist und daher nur die Übernahme der **Muster**vorschriften der ARGEBAU in die Norm in Betracht kommen konnte. Der Randbalken an den Festlegungen des Abschnittes 4 weist deutlich auf eventuell anderslautende Regelungen der Länder hin, die gegebenenfalls zu beachten sind.

Die für den Brandschutz und den Funktionserhalt relevanten bauordnungsrechtlichen Muster-Vorschriften der ARGEBAU sind im Beiblatt 1 zu DIN VDE 0108 Teil 1 abgedruckt, und zwar
– Verordnung über den Bau von Betriebsräumen für elektrische Anlagen (EltBauVO),
– Richtlinien über brandschutztechnische Anforderungen an Leitungsanlagen.

Darüber hinaus wurde die EltBauVO in den Anhang der DIN VDE 0101 übernommen, und in Abschnitt 6 der DIN VDE 0107 in Verbindung mit dem zugehörigen Beiblatt 1 zur DIN VDE 0107 wird ebenfalls auf die EltBauVO und auf die Richtlinien hingewiesen.

Was gilt: Behördliche Vorschriften oder DIN VDE 0108?

Je nach dem Stand der Umsetzung der vorgenannten Muster in landesrechtliche Vorschriften sind hinsichtlich der Beachtung der Mustervorschriften bei der Planung und Bauausführung folgende Fallgruppen zu unterscheiden:
a) Eine Übernahme in Landesrecht ist nicht erfolgt:
   Es gelten allein die Abschnitte 4.1 bis 4.4 der DIN VDE 0108 Teil 1 und damit die Mustervorschriften des Beiblattes 1 als anzuwendende Regeln der Technik (Ausnahme siehe jedoch DIN VDE 0108 Teil 8 – Fliegende Bauten).
   Sollten im Einzelfall im Baugenehmigungsbescheid Anforderungen erhoben werden, so sind diese – auch bei eventuellen Abweichungen von den Festlegungen der DIN VDE 0108 – zu beachten. Es bleibt unbenommen, mit der Bauaufsichtsbehörde über eine Änderung des Baugenehmigungsbescheides im Sinne der DIN VDE 0108 zu verhandeln.
b) Eine Übernahme in Landesrecht ist erfolgt, aber von den Mustervorschriften ist abgewichen worden:
   Die Abweichungen sind maßgebend (siehe Randbalken); im übrigen sind die (identischen) Landes- bzw. Mustervorschriften zu beachten.
c) Die Muster sind wortgetreu übernommen worden:
   Die Landes- bzw. Mustervorschriften sind einzuhalten.
Insbesondere dem Planer und Unternehmer ist dringend zu empfehlen, zunächst die Rechtslage in dem betreffenden Bundesland genau zu prüfen und mit den Mustervorschriften zu vergleichen, bevor mit den Arbeiten (Planung und Ausführung) begonnen wird. In Zweifelsfällen sollten die zuständigen Behörden befragt werden.

Anhang

Weitere ausführliche Erläuterungen zur Thematik »Brandschutz, Funktionserhalt« sind im Anhang dieses Buches zusammengestellt.

Zu 5 Allgemeine Stromversorgung

Entsprechend der Grundanforderung nach Abschnitt 3.1 soll die »Allgemeine Stromversorgung in baulichen Anlagen für Menschenansammlungen« so errichtet werden, daß ein Ausfall der Netzeinspeisung und des Verteilungsnetzes durch elektrische Fehler im Gebäude möglichst vermieden werden, ebenso wie eine Brandeinwirkung auf Schaltanlagen und Transformatoren, z. B. aus den angrenzenden Räumen des Gebäudes. Weiter gehören hierzu Maßnahmen zur Vermeidung von gefährlicher Wärmeentwicklung, verursacht z. B. durch elektrische Betriebs- und Verbrauchsmittel und Maßnahmen gegen Unfallgefahren, z. B. bei freihängenden Leuchten.

Zu 5.1 Betriebsmittel mit Nennspannung über 1 kV

Zu 5.1.1 [Räume für Schaltanlagen und Transformatoren]

Transformatoren und Schaltanlagen mit Nennspannung über 1 kV sind in abgeschlossenen elektrischen Betriebsstätten unterzubringen. Dies sind Räume, die ausschließlich dem Betrieb elektrischer Anlagen dienen und unter Verschluß gehalten werden und zu denen nur Elektrofachkräfte und elektrotechnisch unterwiesene Personen Zutritt haben.

Liegen diese Räume innerhalb des Gebäudes, so sind die baulichen Anforderungen der »Verordnung über den Bau von Betriebsräumen für elektrische Anlagen (EltBauVO)« aus dem Beiblatt 1 zu DIN VDE 0108 Teil 1 zusätzlich zu beachten. Im § 1 der EltBauVO werden die baulichen Anlagen aufgezählt, die in den Geltungsbereich dieser Verordnung fallen. Hierzu zählen grundsätzlich auch die baulichen Anlagen im Geltungsbereich der DIN VDE 0108, ausgenommen jedoch bestimmte Arbeitsstätten. In den §§ 3 bis 5 werden die baulichen Anforderungen festgelegt.

Zu der baulichen und brandschutztechnischen Ausstattung der Räume für Schaltanlagen und Transformatoren nach der EltBauVO siehe auch Erläuterung zu Abschnitt 4.

Schaltanlagen über 1 kV und Transformatoren dürfen auch in einem gemeinsamen Raum aufgestellt werden. Bei Transformatoren sind bei flüssigkeitsgefüllten Geräten neben den Anforderungen an den Brennpunkt des Isolier- und Kühlmittels auch die Anforderungen bezüglich des Gewässerschutzes zu beachten. Gießharztransformatoren bieten bei der Aufstellung in Geschoßflächen, die oberhalb oder unterhalb des Erdgeschosses liegen, besondere Vorteile.

Zu 5.1.2 [Schutz von Transformatoren]

Transformatoren, die innerhalb des Gebäudes aufgestellt werden, sind durch selbsttätige Schutzeinrichtungen gegen die schädigende Auswirkung von Fehlern zu schützen. Dies kann sichergestellt werden bei Überlast oder inneren Fehlern durch eine vorgezogene Warnung und gestaffelt wirkende Abschaltung mittels Temperaturüberwachung und Buchholzschutz und bei äußeren Fehlern durch die Erfassung und Abschaltung von Erd- und Kurzschlüssen durch die vorgeschaltete Schutzeinrichtung (HH-Sicherungen oder Leistungsschalter mit Überstromüberwachung).

Zu 5.2 Betriebsmittel mit Nennspannung bis 1000 V

Zu 5.2.2 Verteiler

Unter »Verteiler« sind alle Verteilerebenen, wie Hauptverteiler, Zwischenverteiler und Unterverteiler, zu verstehen.

Zu 5.2.2.1 [Verteiler-Normen]
Für Verteiler gelten die Errichtungsnormen DIN VDE 0660 Teil 500, DIN VDE 0659 oder DIN VDE 0603.

Zu 5.2.2.2 [Betrieb notwendiger Einrichtungen]
Abgänge von Verteilern zu notwendigen Sicherheitseinrichtungen und wichtigen Betriebseinrichtungen, wie z. B. Pumpen von Hebeanlagen, müssen auch in Betriebsruhezeiten, in denen eine totale oder teilweise Abschaltung der elektrischen Anlage vorgenommen wird, weiter betrieben werden können. Bei der Abschaltung von Verteilern durch einen Hauptschalter ist dies zu berücksichtigen.

Zu 5.2.2.3 [Spannungsfreischalten am Verteiler]
Abgänge von Hauptverteilern müssen über Lastschalter allpolig abschaltbar sein, so daß eine gefahrlose Spannungsfreischaltung auch durch Laien vorgenommen werden kann. Als Lastschalter nach DIN VDE 0660 Teil 107 gelten:
    Leistungsschalter, Lasttrennschalter,
    Sicherungs-Lasttrenner, Leitungsschutzschalter.
Schalter, bei deren Betätigung auch notwendige Sicherheitseinrichtungen mit abgeschaltet werden, sind neben der allgemein erforderlichen Kennzeichnung durch Beschriftung **zusätzlich** durch farbliche Kennzeichnung hervorzuheben. Dies gilt für den Hauptschalter, wenn durch seine Betätigung die notwendigen Sicherheitseinrichtungen mit geschaltet werden.

Zu 5.2.2.4 und 5.2.2.5 [Isolationsmessung]
Durch übersichtliche Anordnung und Kennzeichnung der Anschlußstellen der abgehenden Stromkreise ist die Durchführung der Messung des Isolationswiderstandes, der Erstprüfung nach DIN VDE 0100 Teil 600, der Abnahmeprüfungen und der Wiederholungsprüfungen zu erleichtern.
Durch die Verwendung von Neutralleiter-Trennklemmen für Querschnitte bis 6 mm^2 soll bei diesen schwächeren Querschnitten der Gefahr des Leiterbruches durch wiederholtes Ab- und Anklemmen vorgebeugt werden.

Zu 5.2.3 Kabel und Leitungsanlage

Zu 5.2.3.1 [Zulässige Kabel-Leitungsbauarten]
Die Mindestanforderung für die Kabel und Leitungen hinsichtlich des Brennverhaltens: Prüfart B nach DIN VDE 0472 Teil 804, läßt die Verwendung fast aller üblichen PVC-, Chloropren- und Gummikabel und -Leitungen für feste und flexible Verlegung zu,
z. B. NYY, NYM, H07RN.
Brennbare Rohre und Kanäle müssen mindestens flammwidrig nach DIN VDE 0604 Teil 1 bzw. DIN VDE 0605 sein (Kennzeichen F). Metallrohre gelten als nichtbrennbar. Blanke, stromführende Leitungsverbindungen sind nur in abgeschlossenen elektrischen Betriebsstätten zulässig; dies gilt auch für Anlagen und Anlagenteile mit Betriebsspannung unter 50 V AC und 120 V DC. Der Grund für das Verlangen von isolierten Kabeln und Leitungen auch bei Spannungen unter der Grenze der dauernd zulässigen Berührungsspannung liegt in der Gefahr leichter Erd- und Kurzschlußentstehung durch gewollte oder ungewollte Überbrückung bei blanken Leitern und daraus entstehender schädlicher Wärmeentwicklung und Brandgefahr. Das bedeutet z. B., daß bei Niedervolt-Beleuchtungssystemen die Verwendung von blanken Leitungen, Schienen und Verbindungsteilen nicht zulässig ist.

Zu 5.2.3.2 [Erd- und kurzschlußsichere Verlegung]
Für Verbindungen, die in aller Regel nicht durch eine Kurzschluß-Schutzeinrichtung am Anfang der Leitung geschützt werden können, ist der erforderliche Schutz durch erd- und kurzschluß**sichere** Verlegung nach DIN VDE 0100 Teil 520 sicherzustellen. Im Abschnitt 10.2 dieser Norm werden hierzu Ausführungsbeispiele genannt,
    z. B. einadrige Kabel oder einadrige Mantelleitungen oder Aderleitungen, bei denen die gegenseitige Berührung und die Berührung mit geerdeten Teilen durch Abstandhalter oder Führung in getrennten Installationsrohren oder Kanälen verhindert ist.
Grundsätzlich sollte darauf geachtet werden, daß diese Verbindungen möglichst kurz sind.

Zu 5.2.3.3 [Thermischer Schutz von Kabeln und Leitungen]
Überstromschutzeinrichtungen sind so auszuwählen, daß sie die am Einbauort auftretende Kurzschlußbeanspruchung beherrschen und im Fehlerfall eine selektive Auslösung gegenüber der vorgeschalteten Schutzeinrichtung bewirkt wird. Selektivität ist durch die Staffelung der Auslöseströme oder der Auslösezeiten erreichbar. Leitungsschutzschalter hintereinander angeordnet bieten im Bereich der Schnellauslösung (Kurzschlußschutz) nicht die erforderliche Selektivität.

Zu 5.2.3.4 [Getrennte PE- und N-Leiter]
Um Störungen von Geräten durch über den PEN-Leiter fließende Rückströme und Ausgleichströme über leitende Gebäudeteile und eine unter Umständen

hiermit verbundene Brandgefährdung zu vermeiden, wird ab dem Unterverteiler im TN-Netz die Führung eines vom Neutralleiter getrennten Schutzleiters verlangt. Diese Maßnahme wird, wegen des verstärkten Einsatzes von Geräten mit elektronischen Bauteilen und der erhöhten Störungsgefahr dieser Teile durch Streuströme, bereits ab dem Hauptverteiler empfohlen.

Zu 5.2.4 Verbraucheranlage

Zu 5.2.4.1 [Stromkreise der allgemeinen Beleuchtung]
Bei Sicherheitsbeleuchtung in Bereitschaftsschaltung erfolgt die Überwachung der Stromversorgung der allgemeinen Beleuchtung üblicherweise durch Überwachung der Sammelschienenspannung im Unterverteiler des jeweiligen Bereiches, entsprechend Abschnitt 6.2.1.3.
Wird die allgemeine Beleuchtung eines Rettungsweges oder Raumes nur durch einen Stromkreis versorgt, so würde – bei Eintritt eines internen Fehlers in diesem Stromkreis und Abschaltung durch die Überstromschutzeinrichtung dieses Stromkreises – eine Einschaltung der Sicherheitsbeleuchtung nicht erfolgen. Dies gilt sinngemäß auch bei der Verwendung eines FI-Schutzschalters für einen Bereich oder eine zentrale Beleuchtungssteuerung.
Bei Überwachung nur der Sammelschienenspannung am Verteiler der allgemeinen Beleuchtung sind daher zwei unabhängige Stromkreise für die allgemeine Beleuchtung eines Bereiches erforderlich.

Zu 5.2.4.2, 5.2.4.5 und 5.2.4.6 [Schutz bei Wärmeentwicklung]
Der Gefahr von schädlicher Wärmeentwicklung und sich daraus entwickelnder Brandgefahr oder Funktionsausfall durch wärmeabgebende elektrische Betriebs- oder Verbrauchsmittel muß im besonderen vorgebeugt werden. Dies kann durch die Wahl der Geräte, deren Formgebung, die Anordnung oder Anbringung erreicht werden.
Bei betriebsmäßiger Wärmeentwicklung ist für eine ungehinderte natürliche Wärmeableitung oder eine durch mechanische Einrichtungen (z. B. Lüfter) unterstützte Ableitung zu sorgen.
Schutz zu brennbaren Stoffen kann durch Abstand, Wärmeprallbleche oder wärmeisolierende, unbrennbare Unterlagen – z. B. aus mindestens 12 mm dicken Fasersilikatplatten – erreicht werden.

Zu 5.2.4.3 und 5.2.4.4 [Schutz von Insta-Geräten]
Die Möglichkeit der Beschädigung oder bewußt unsachgemäßen Nutzung oder Behandlung von zugänglichen Installationsgeräten und Leuchten muß in baulichen Anlagen für Menschenansammlungen im besonderen gesehen werden.
Schalter und Steckdosen sind – soweit sie allgemein erreichbar sind – mechanisch geschützt auszuführen. Dies ist durch die Bauart (stoßfest gekapselt) oder durch Anordnung (Unter-Putz-Installation oder versenkte Installation in Nischen) zu erreichen.

Zu 5.2.4.7 [Schutz bei Lampen]
Durch diese Normenanforderung sollen zwei Ziele erreicht werden:
- Es soll die Grundanforderung nach Abschnitt 3.1 der Norm erfüllt werden, wonach der Ausfall der allgemeinen Stromversorgung bzw. der allgemeinen Beleuchtung, z. B. durch eine leichte und ungewollte Beschädigung von Lampen, möglichst zu vermeiden ist.
- Durch den Schutz soll das Herausfallen von heißen Teilen der Lampe im Fall einer Zerstörung mit der Gefahr einer Brandentwicklung verhindert werden.

Neben den in der Norm aufgezählten Maßnahmen zum Schutz von Lampen gegen Zerstörung, sind auch der Schutz durch entsprechende Formgebung der Leuchte und der Schutz durch Anordnung, z. B. Anbringung oberhalb von Einrichtungsgegenständen der Räume, wodurch ein leichtes Beschädigen verhindert wird, equivalente Maßnahmen.

Zu 5.2.4.8 [Sichere Leuchtenaufhängung]
Generell sind Leuchten nach den für sie geltenden DIN-VDE-Normen mit Aufhängevorrichtungen ausgerüstet, die das fünffache Gewicht der Leuchte tragen können. Um diese Sicherheit für die fertig montierte Leuchte zu erhalten, sind auch die außenliegenden Befestigungsmittel für diese Anforderung auszulegen. Dies gilt für alle zur direkten Befestigung der Leuchte erforderlichen Teile, wie z. B. Deckenhaken, Schrauben, Dübel, Ketten, Rohre, Seile. Bei der indirekten Befestigung von Leuchten, wie z. B. bei Deckeneinbauleuchten, ist diese Sicherheit von den Auflageflächen für die Leuchten und den Befestigungsteilen der Decke (Abhänger bei abgehängten Decken) zu erbringen.

Freihängende Leuchten mit über 5 kg Gewicht sind über begehbaren Flächen durch zwei unabhängige Befestigungsvorrichtungen zu sichern, von denen jede für sich die Leuchte mit 5facher Sicherheit tragen muß. Hierzu sind zwei unabhängige Aufhängepunkte an der Leuchte und an der Decke erforderlich.

Bei Langfeldleuchten mit nur zwei Aufhängungen, ist die Gefahr des Abkippens nach unten durch entsprechende Maßnahmen zu verhindern, wenn eine direkte Gefährdung von Personen besteht.

Zu 5.2.4.9 [Steckvorrichtungen unverwechselbar]
Die Fehlergefahr durch Verwechslung bei Steckvorrichtungen ist durch die Wahl von unterschiedlichen Stecksystemen bei unterschiedlichen Spannungen und Netzarten zu vermeiden.

Zu 5.2.4.10 [Schutz von Motoren]
Gleichwertige Einrichtungen zu Motorschutzschaltern sind Wicklungstemperaturfühler oder Stromrelais, über die gekoppelt mit Schaltgeräten eine automatische Abschaltung bei thermischer Überlastung erfolgt. Der selbsttätige Wiederanlauf, z. B. nach Abkühlung, ist durch Verriegelung oder Auslösung zu verhindern.

Zu 6 Sicherheitsstromversorgung

Zu 6.1 Allgemeine Anforderungen

Zu 6.1.1 [Versorgungsübernahme]

Durch die zeitliche Verzögerung von 0,5 s und die Unterspannungsgrenze, 85% der Nennspannung, sollen ein unnötiger Start der Ersatzstromquellen oder Umschaltvorgänge bei nur kurzzeitigen Spannungseinbrüchen oder Netzwischern vermieden werden.
Die Zeitverzögerung von 0,5 s entspricht bei der Sicherheitsbeleuchtung von Arbeitsplätzen mit besonderer Gefährdung der für diese Bereiche zugelassenen Umschaltzeit. Das bedeutet, daß in diesem Fall keine Lampen verwendet werden dürfen, die eine zusätzliche Zünd- oder Startzeit benötigen.
Bei der Verwendung von Einzelbatterieanlagen ist zu vermeiden, daß durch eine zentrale Abschaltung der allgemeinen Stromversorgung oder dezentralen Ausschaltung ihrer Zuleitung, z. B. zu Betriebsruhezeiten oder bei Reparatur oder sonstigen Arbeiten, eine ungewollte Einschaltung der Sicherheitsleuchten und Entladung der Batterie eintritt. Es ist daher eine Verknüpfung der Schaltung der allgemeinen Beleuchtung mit der Schaltung von Einzelbatterieleuchten erforderlich. (Abhängigkeit: Einschaltung der Sicherheitsleuchten in Betriebsruhezeiten nur dann, wenn auch allgemeine Beleuchtung des Bereiches erforderlich ist.)

Zu 6.1.2 und 6.1.3 [Zulässige Ersatzstromquellen]

Die in den Tabellen 1 und 2 angegebenen zulässigen Ersatzstromquellen sind für die jeweilige bauliche Anlage und Nutzung nach sicherheitstechnischen und wirtschaftlichen Gesichtspunkten auszuwählen. Hierbei bedeutet die Aufteilung der Anforderungen an die Sicherheitsstromversorgungsanlage in die Tabellen 1 und 2 aber nicht, daß für die Versorgung der aufgeführten notwendigen Sicherheitseinrichtungen jeweils eigene Ersatzstromquellen erforderlich sind.
Eine Kombination, z. B. von Batterien und einem Ersatzstromaggregat, ist dann zulässig, wenn durch diese die Versorgung der notwendigen Sicherheitseinrichtungen unter Berücksichtigung der jeweils zulässigen Umschaltzeit und erforderlichen Nennbetriebsdauer der Ersatzstromquelle insgesamt sichergestellt wird. Die Batterien sind dann aber mindestens für den einstündigen Betrieb aller angeschlossenen notwendigen Sicherheitseinrichtungen auszulegen.
Diese Kombination wird da sinnvoll sein, wo eine kurze Umschaltzeit, z. B. wegen der Sicherheitsbeleuchtung, und lange Nennbetriebsdauer, z. B. für die Löschwasserversorgung, erforderlich ist. Für Arbeitsstätten dürfte sie keine Vorteile bieten.

Zu 6.1.4 [Trennung der Versorgungen]

Die Forderung nach Trennung des Verteilungsnetzes der Sicherheitsstromversorgung vom Verteilungsnetz der allgemeinen Stromversorgung entspricht auch den Forderungen von DIN VDE 0100 Teil 560 für Anlagen für Sicherheitszwecke. Durch die elektrische und räumliche Trennung soll für die Betriebsmittel und Anlagenteile und damit für die Verbraucher der Sicherheitsstromversorgung höchstmögliche Betriebssicherheit, gute Übersichtlichkeit und leichte Wartbarkeit erreicht werden **(Bild 1–1)**.

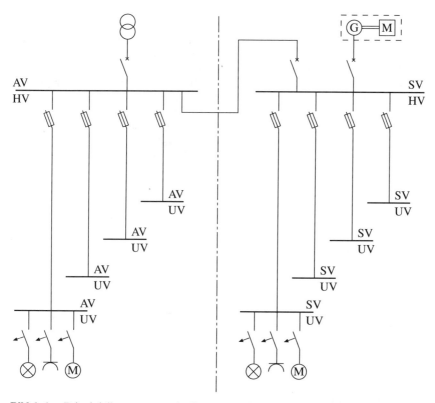

Bild 1–1. Prinzipiell getrennter Aufbau von Allgemeiner Stromversorgung und Sicherheitsstromversorgung

links: Einspeisung und Verteilungs-/Verbraucher-Netz der Allgemeinen Stromversorgung (AV)

rechts: Einspeisung und Verteilungs-/Verbraucher-Netz der Sicherheitsstromversorgung (SV)

Zu 6.1.5 [Zentrale Überwachung]

Der Betriebs- und Funktionszustand der Sicherheitsstromversorgung muß überwachbar sein. Dies betrifft insbesondere Betriebs- und Störungszustände, die ein schnelles Handeln erfordern. (Eingreifen von Fachpersonal, Alarmieren von gefährdeten Personen, Erteilung von Anweisungen usw.)
Die zentrale Meldung soll an eine während der Betriebszeit ständig besetzte oder überwachte Stelle (z. B. durch betriebsinternes Überwachungssystem) erfolgen.
Der Umfang der Meldungen und die Anforderungen an die Meldeeinrichtung werden in den Normenabschnitten 6.4.3.9 und 6.4.4.13/14 behandelt.

Zu 6.2 Sicherheitsbeleuchtung

Ein besonderes Anliegen des Komitees 223 war es, die Vielfalt der in den letzten Jahrzehnten benutzten Begriffe zur Beschreibung einer »sicheren, zusätzlichen« Beleuchtung bei Ausfall der allgemeinen Beleuchtung auf eindeutige und für die Praxis leicht verständliche Begriffe zurückzuführen. Diese Bemühung wurde unterstützt durch die Normung im DIN und die Herausgabe der DIN 5035 Teil 5 »Innenraumbeleuchtung mit künstlichem Licht – Notbeleuchtung«, Ausgabedatum Dez. 87, in der die lichttechnischen Anforderungen für die Notbeleuchtung von Innenräumen und von Flächen im Freien festgelegt sind.
In DIN 5035 Teil 5 ist nachfolgende Begriffsgliederung festgelegt worden **(Bild 1–2).**

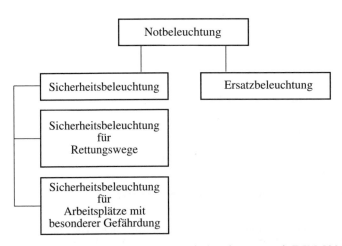

Bild 1–2. Begriffsgliederung: Notbeleuchtung nach DIN 5035 Teil 5

Notbeleuchtung ist danach als Oberbegriff zu verstehen, der sich aufteilt in die Unterbegriffe:
Sicherheitsbeleuchtung
als eigenständige, zusätzliche, künstliche Beleuchtung, die ausschließlich der Sicherheit von Personen dient. Mit ihrer Hilfe soll es den in einer baulichen Anlage befindlichen Personen bei Ausfall der allgemeinen Beleuchtung und auch im Gefahrenfalle ermöglicht werden, diese leicht und sicher zu verlassen bzw. im Gefahrenfalle an wichtigen betrieblichen Einrichtungen, wie Schaltstellen oder Leitständen, das Beenden von Tätigkeiten oder Einleiten von Maßnahmen zur Vermeidung von Unfallgefahren vorzunehmen.
Ersatzbeleuchtung
als künstliche Beleuchtung, die über ein eigenes Netz oder als Teil der allgemeinen Beleuchtung eines Raumes oder Bereiches im Fall des Ausfalles der allgemeinen Stromversorgung über eine begrenzte Zeit die Aufgabe der allgemeinen Beleuchtung übernimmt, d.h. eine Weiterführung von Tätigkeiten ersatzweise unterstützt.
Nach dieser grundlegenden Definition und der Entscheidung im Komitee 223, für die Versorgung der Sicherheitsbeleuchtung auch andere Ersatzstromquellen als nur Batterien zuzulassen (siehe Tabelle 1), war es möglich, den alten Begriff »Beleuchtung durch Ersatzstromversorgung« fallenzulassen und somit die Begriffsvielfalt zu reduzieren.
In DIN VDE 0108 werden die elektrotechnischen Anforderungen an die Ersatzstromquellen und an das Verteilungs- und Verbrauchernetz der **Sicherheitsbeleuchtung** behandelt. Dabei sind die Anforderungen von DIN VDE 0100 Teil 560 »Elektrische Anlagen für Sicherheitszwecke« als Basisanforderungen zu verstehen.
In Tabelle 1 der DIN VDE 0108 Teil 1 werden die grundsätzlichen Anforderungen an die Sicherheitsbeleuchtung bestimmter baulicher Anlagen genannt, die zum Teil auch Gegenstand der Festlegung von Verordnungen und Richtlinien des Bau- und Arbeitsschutzrechtes sind.
Vorgegeben werden hier unter anderem Anforderungen an die
– Mindestbeleuchtungsstärke und
– Umschaltzeit (Einschaltverzögerung nach DIN 5035 Teil 5)
jeweils bezogen auf die Art und Nutzung eines Gebäudes oder Gebäudebereiches.
In DIN 5035 Teil 5 werden für die Sicherheitsbeleuchtung noch weitere lichttechnische Anforderungen gestellt, z.B.
– Gleichmäßigkeit der Beleuchtungsstärke
– Blendungsbegrenzung
– Farbwiedergabe
– Anordnung der Sicherheitsleuchten
  in Rettungswegen und bei Arbeitsplätzen mit besonderer Gefährdung.

Zu 6.2.1 Schaltungen der Sicherheitsbeleuchtung

Ob alle oder nur bestimmte Lampen der Sicherheitsbeleuchtung einer baulichen Anlage während der betriebserforderlichen Zeit dauernd in Betrieb zu halten sind oder ein Bereitschaftsbetrieb genügt, ist zum Teil auch Gegenstand von Regelungen in Verordnungen und Richtlinien des Bau- und Arbeitsschutzrechts (siehe auch Tabelle 1).

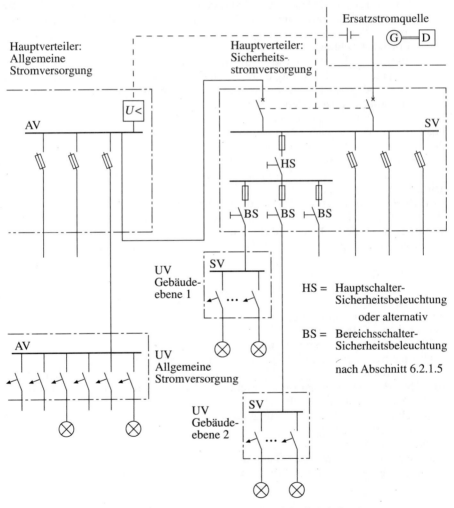

Bild 1–3. Prinzipieller Aufbau der Dauerschaltung der Sicherheitsbeleuchtung

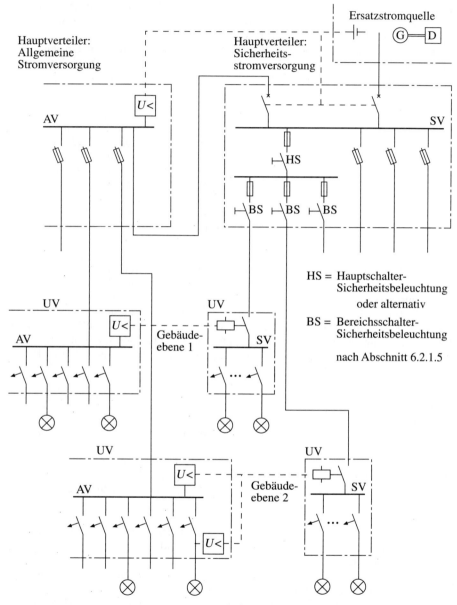

Bild 1–4. Prinzipieller Aufbau der Bereitschaftsschaltung der Sicherheitsbeleuchtung

Wenn Freiheit der Entscheidung besteht, sollten sicherheitstechnische Aspekte vor wirtschaftlichen den Ausschlag geben. Den grundsätzlichen Aufbau der beiden Schaltungsarten zeigen **Bild 1–3** und **Bild 1–4**.
In beiden Schaltungsarten ist der Betrieb der Ersatzstromquelle im Umschaltbetrieb (Begriff siehe Abschnitt 2.2.11) oder im Bereitschaftsparallelbetrieb (Begriff siehe Abschnitt 2.2.12) möglich.

Zu 6.2.1.3 [Bereitschaftsschaltung]
Kriterium für die Einschaltung der Sicherheitsbeleuchtung in Bereitschaftsschaltung ist der Versorgungszustand (die Netzspannung) der allgemeinen Beleuchtung des Gebäudes oder Gebäudebereiches. Die Spannungsüberwachung erfolgt an den Sammelschienen des Unterverteilers und sollte alle Phasen, mindestens aber die, von denen die allgemeine Beleuchtung versorgt wird, erfassen.
Wird die allgemeine Beleuchtung **eines ganzen** Raumes oder umschlossenen Bereiches (Rettungsweges) von **einem** Stromkreis oder von **einem** FI-Schutzschalter oder über **eine** Steuereinrichtung versorgt, deren Spannungsausfall zu einem totalen Ausfall des ganzen Raumes oder Bereiches führt, so ist Spannungsüberwachung auch dieser Kreise, d. h. jeweils hinter der Schutzeinrichtung bzw. im Steuerkreis, erforderlich. Hierauf kann dann verzichtet werden, wenn die allgemeine Beleuchtung dieses Raumes oder Bereiches entsprechend Abschnitt 5.2.4.1 ausgeführt ist (siehe hierzu auch Erläuterung zu Abschnitt 5.2.4.1).
Die selbsttätige Rückschaltung, d. h. Abschaltung der Sicherheitsbeleuchtung in Bereitschaftsschaltung bei Spannungswiederkehr, muß verzögert erfolgen, wenn für die allgemeine Beleuchtung Lampen mit längeren Zündzeiten eingesetzt werden. Diese Zündzeiten können abhängig von den verwendeten Lampen bis zu 15 s betragen.

Zu 6.2.1.5 und 6.2.1.6 [Bereichsweises Schalten]
Die Betriebsbereitschaltung der Sicherheitsbeleuchtung darf nur zentral oder gruppenweise, z. B. nach Funktionseinheiten und zugehörigen Rettungswegen eines Gebäudes, erfolgen.
Für besondere bauliche Gegebenheiten sah das Komitee die Möglichkeit, von dieser strikten Forderung abzugehen und eine dezentrale Schaltung der Sicherheitsbeleuchtung in Dauerschaltung, z. B. pro Raum oder Rettungsweg, zuzulassen, wenn folgende Voraussetzungen gegeben sind:
Die Räume
– sind während der normalen Nutzungszeit ausreichend mit Tageslicht belichtet,
– können nicht betriebsmäßig verdunkelt werden und
– sind nicht ständig besetzt.
Das trifft in vielen Fällen für Flure und Treppenräume zu, die durch Fenster oder Oberlichter natürlich belichtet werden.
Die Schaltung der Sicherheitsleuchten muß in diesen Fällen gemeinsam mit der Schaltung der allgemeinen Beleuchtung der Rettungswege oder Räume erfolgen. Hierzu sind Schaltgeräte erforderlich, die bei einer Batterie als Ersatzstromquelle

auch den Gleichspannungsbetrieb beherrschen müssen. Problem ist hierbei insbesondere das Ausschalten, d.h. das sichere Trennen des Gleichspannungskreises ohne die Hilfe des Stromnulldurchganges.
Die Schaltstellen sind so anzuordnen, daß sie von jedem Standort des Raumes erkennbar sind. Die Erkennbarkeit wird z. B. durch die Verwendung von Leuchttaster erreicht.

Zu 6.2.2 Rettungszeichen

Die Beleuchtung der Rettungszeichen oder selbstleuchtende Rettungszeichenleuchten als Hinweise auf die Rettungswege in der baulichen Anlage ist in allen Gebäuden, außer in Arbeitsstätten, in Dauerschaltung auszuführen (siehe Tabelle 1 der Norm).
Für die Zeichen selbst oder die Schrifthöhe gibt DIN 5035 Teil 5 das maximal zulässige Verhältnis von Erkennungsweite zu Bauhöhe der Leuchte an.

Zu 6.2.3 Mindestbeleuchtungsstärke

Die angegebenen Werte sind die Mindestwerte, die auf der Mittelachse des Rettungsweges bzw. der Arbeitsfläche bei Arbeitsplätzen mit besonderer Gefährdung erreicht werden müssen. Sie müssen auch am Ende der Brauchbarkeitsdauer der Ersatzstromquelle noch eingehalten werden.
In neuinstallierten Sicherheitsbeleuchtungsanlagen muß ein um den Faktor 1,25 höherer Mindestbeleuchtungsstärkewert erreicht werden (Korrekturfaktor als Erfahrungswert für natürliche Verschmutzung und Minderung der Beleuchtungsstärke über die Lebensdauer).
Ist mit Abschattungen durch Einbauten zu rechnen, so sind unter Umständen Zusatzinstallationen erforderlich.

Zu 6.3 Elektrische Betriebsräume

In diesem Abschnitt werden im wesentlichen bauliche Anforderungen an bestimmte elektrische Betriebsräume hinsichtlich des Brandschutzes und der Zugänglichkeit im Gefahrenfall erhoben.

Zu 6.3.1 [Räume für Ersatzstromquellen]

Die Festlegungen in diesem Abschnitt sind in einem engen Zusammenhang mit der Anforderung im DIN VDE 0108 Teil 1, Abschnitt 4.1, hinsichtlich der Räume für Gruppenbatterien, Zentralbatterien und Stromerzeugungsaggregate mit ihren Hilfseinrichtungen zu sehen. Während sich Abschnitt 4.1 auf die brandschutztechnischen Anforderungen des Musters der Verordnung über den Bau von Betriebsräumen für elektrische Anlagen bezieht, behandelt Abschnitt 6.3.1 auch die übrigen Anforderungen der §§ 2 bis 4, 6 und 7 der EltBauVO.

In den Erläuterungen zu DIN VDE 0108 Teil 1, Abschnitt 4.1 (Anhang), wird ausführlich auf einige vor allem in brandschutztechnischer Hinsicht wesentliche Vorschriften der EltBauVO eingegangen. Ergänzend hierzu sollen folgende Einzelfestlegungen angesprochen werden:
a) Raumabmessungen
Die Abmessungen der Betriebsräume müssen gewährleisten, daß die elektrischen Anlagen ordnungsgemäß errichtet und betrieben werden können. Verlangt wird eine lichte Raumhöhe von mindestens 2 m und über Bedienungs- und Wartungsgängen eine Durchgangshöhe von mindestens 1,80 m (§ 4 Absatz 2 EltBauVO).
b) Schutz vor wassergefährdenden Flüssigkeiten
In den Betriebsräumen für Stromerzeugungsaggregate müssen der Fußboden sowie die unteren Bereiche der Wände z. B. durch einen Anstrich gegen wassergefährdende Flüssigkeiten (Brennstoffe) undurchlässig hergestellt werden, damit diese Flüssigkeiten bei einem etwaigen Auslaufen nicht in den Baukörper oder in das Grundwasser oder Abwasser eindringen können. An den Türen muß eine mindestens 10 cm hohe Schwelle vorgesehen werden (§ 6 Absatz 1 EltBauVO).
Die Fußböden von Batterieräumen müssen gegebenenfalls in gleichartiger Weise gegen auslaufende Elektrolyten gesichert werden (§ 7 Absatz 3 EltBauVO).
c) Abgasführung
Die Abgase der Kraftmaschinen der Stromerzeugungsaggregate müssen leitungsgebunden ins Freie geführt werden. Die Leitungen müssen derart eingebaut werden, daß Gefahren und unzumutbare Belästigungen, hinsichtlich des Abgasaustritts auch für Nachbarn und in Verkehrsbereichen, nicht entstehen können. Die Abgasrohre müssen von brennbaren Baustoffen einen Abstand von mindestens 10 cm einhalten (§ 6 Absatz 2 EltBauVO).

Zu 6.3.2 [Räume für Hauptverteiler]

Die Festlegung im Satz 1 dient der guten Zugänglichkeit und leichten Instandhaltung des Hauptverteilers.
Die weiteren Festlegungen in diesem Abschnitt dienen dem Brandschutz. Hinsichtlich des Funktionserhalts der Sicherheitsstromversorgung im Brandfall ist über diesen Abschnitt hinaus auch Teil 1, Abschnitt 4.4, zu beachten.

Zu 6.3.3 [Gemeinsamer Raum für beide Hauptverteiler]

Die gemeinsame Unterbringung der Hauptverteiler der Sicherheitsstromversorgung und der allgemeinen Stromversorgung stellt eine Erleichterung von der grundsätzlichen Anforderung dar, die Leitungsanlagen von notwendigen Sicherheitsanlagen (Sicherheitsstromversorgung) konsequent auch gegenüber den Leitungsanlagen der allgemeinen Stromversorgung brandschutztechnisch abzutrennen. Diese Erleichterung, die gemäß DIN VDE 0108 Teil 1, Abschnitt 6.6.6, für

Unterverteiler **nicht** gilt, erscheint vertretbar, weil der Raum der Hauptverteiler – im Gegensatz zu Unterverteilern – als abgeschlossene elektrische Betriebsstätte nur Betriebspersonal zugänglich ist sowie einer regelmäßigen Begehung und Kontrolle unterzogen wird. Im Hinblick darauf, daß Brände in Verteilern nicht ausgeschlossen werden können, wird jedoch empfohlen, auch für Hauptverteiler jeweils eigene Räume vorzusehen, die den Anforderungen der Abschnitte 5.2.1.2 bzw. 6.3.2 entsprechen.

Zu der Frage der Unterbringung der Batterie der Sicherheitsbeleuchtung in dem gemeinsamen Raum für beide Hauptverteiler wird auf die Ausführungen im Anhang zu DIN VDE 0108 Teil 1, Abschnitte 4.1 und 4.4, hingewiesen.

Zu 6.4 Ersatzstromquellen und zugehörige Einrichtungen

Allgemeines zu Ersatzstromquellen und zugehörige Einrichtungen

In diesem Abschnitt werden die gerätetechnischen Anforderungen an die in den Tabellen 1 und 2 für die Sicherheitsstromversorgung festgelegten Ersatzstromquellen und zugehörige Einrichtungen spezifiziert.

Für den Bereich der Batterien als Ersatzstromquellen wurden gegenüber der VDE 0108 von 10/79 teilweise erhebliche gerätetechnische Änderungen bei den einzelnen Systemen vorgenommen, um die in den anderen Abschnitten beschriebenen Anforderungen an Prüfungen, Netzüberwachungen, Verfügbarkeit usw. zu erfüllen.

Die von den Anwendern gewünschte Erweiterung des Anwendungsgebietes der Gruppenbatterieanlage machte es erforderlich, hier die gleichen gerätetechnischen Anforderungen wie bei der Zentralbatterieanlage zu stellen.

Zur Wahl der batteriegestützten Ersatzstromquellen sollen hier einige Gesichtspunkte genannt werden, die zu beachten sind.
Es gibt viele Einflüsse, z. B.
– Größe der baulichen Anlage,
– Verantwortung für den Betrieb der baulichen Anlage,
– unterschiedliche Betriebszeiten,
– Wirtschaftlichkeit.

Als Ausführungsbeispiele seien hier einige Möglichkeiten genannt:
Ein Betreiber in einer baulichen Anlage mit **gleichen** betriebserforderlichen Zeiten spricht für eine zentrale Batterieanlage schon aus Gründen der Wartung und der Überwachung. Es könnte dies z. B. in einer Schule oder einem Warenhaus der Fall sein.
Bei **einem** Betreiber in einer baulichen Anlage, aber mit **unterschiedlichen** betriebserforderlichen Zeiten, können auch Kombinationen Zentralbatterieanlage/Gruppenbatterieanlage zweckmäßig sein.
Eine Versammlungsstätte mit unterschiedlich genutzten Versammlungsräumen kann hier als Beispiel dienen.

Bei **mehreren** Betreibern in einer baulichen Anlage bieten sich **mehrere** Anlagen an, wie beispielsweise bei einem Warenhaus mit einer getrennt betriebener Großgarabe oder eine bauliche Anlage mit mehreren Ladengeschäften.
Hierbei ist der eindeutigen Zuordnung und Verantwortung für die zugehörigen gemeinsam genutzten Rettungswege besondere Beachtung zu widmen.

Neu ist die Zulässigkeit der automatischen Überwachung von Ersatzstromquellen und ihren zugehörigen Einrichtungen. Dies bedeutet für den Betreiber einer Sicherheitsstromversorgungsanlage eine erhebliche Vereinfachung der unter 9.2.3 und 9.2.4 aufgeführten Prüfvorgaben.
Ebenfalls wird über die automatische Registrierung die vorgeschriebene Führung eines Prüfbuches, daß eine Kontrolle über einen Zeitraum von mindestens zwei Jahren ermöglichen soll, wesentlich erleichtert.
Welche Anforderungen an eine automatische Prüfeinrichtung gestellt werden, ist unter 6.4.3.10 detailliert beschrieben.

Zu 6.4.1 Einzelbatterieanlage

Zu 6.4.1.1 [Batterien]
Aus den Anforderungen an die Batterien ergibt sich, daß die Batterien unabhängig vom Prüfergebnis nach Abschnitt 9.2.2 spätestens nach Ablauf der vom Hersteller angegebenen Brauchbarkeitsdauer ausgewechselt werden müssen.
Neu aufgenommen sind die Lageunabhängigkeit der Batterien und die Berücksichtigung der Umgebungstemperatur am Einbauort. Erfahrungen haben gezeigt, daß besonders bei den überall zu montierenden Einzelbatterieleuchten und Einzelbatterieversorgungsgeräten die Nichtbeachtung dieser Gesichtspunkte zu einer Verminderung der Zuverlässigkeit führten.

Zu 6.4.1.4 und 6.4.1.5 [Geräte]
Die hier angeführten Normentwürfe sind inzwischen abgelöst durch die Norm DIN VDE 0711 Teil 222 (EN 60 598-2-22).

Zu 6.4.1.7 [Überwachung]
Die neu aufgenommene Anzeigevorrichtung für die Batterieladung ist ein weiterer wichtiger Punkt für die Überprüfbarkeit einer Einzelbatterieanlage, da die vorgeschriebenen wöchentlichen Funktionstests nur unvollständige Aussagen über den Ladeverlauf ermöglichen.

Zu 6.4.2 Gruppenbatterieanlage

Zu 6.4.2.1 [Batterien]
Der Hinweis »ortsfest« schließt Gerätebatterien aus.
Die Begriffe »geschlossen« und »verschlossen« sind in DIN 40729 festgelegt.
Die »geschlossene« Bauweise hat einen dichtschließenden Zellendeckel mit Öff-

nungen, durch die entstehendes Gas entweichen oder Nachfüllwasser eingefüllt werden kann. Die Öffnungen sind durch geeignete Stopfen geschlossen. Für Anwendungen im Bereich von DIN VDE 0108 dürfen nur Batterien verwendet werden, die mindestens drei Jahre lang kein Nachfüllen erfordern.
Die »verschlossene« Bauweise ist wartungsfrei über die gesamte Brauchbarkeitsdauer. Für die Berechnung des Luftbedarfs gemäß DIN VDE 0510 Teil 2 können je nach Batterieausführung die dafür vorgesehenen Reduzierungsfaktoren f1 und f2 zur Anwendung gelangen.
Zu der Gleichwertigkeit von Batterien gelten die unter Zentralbatterieanlage gemachten Aussagen; abweichend davon gilt für die Brauchbarkeitsdauer ein Mindestzeitraum von 5 Jahren.

Zu 6.4.2.2 [Anschlußleistung]
International wird sich die Begrenzung auf 20 Leuchten nicht halten lassen. Bei den Einspruchsberatungen wurde eingehend eine Öffnung der Bestimmung in diesem Punkt diskutiert. Die Einschränkung sollte sich deshalb auf Leuchten der Rettungswegbeleuchtung beschränken und die Leuchten für die Beleuchtung von Rettungszeichen oder die Rettungszeichenleuchte nach Abschnitt 2.2.6 nicht berücksichtigen. Diese Abweichung gilt auch für den Abschnitt 2.2.10.2 (Begriffe).

Zu 6.4.3 Zentralbatterieanlage

Zu 6.4.3.1 [Batterien]
Der Hinweis auf DIN VDE 0510 Teil 2, Tabelle 4, gibt die Batteriebauarten unzweideutig frei, die für diese Anwendung vorgesehen worden sind.
Bei der Beantwortung der Frage, ob eine gleichwertige Bauart vorliegt, sind folgende Gesichtspunkte zu berücksichtigen:
1. Wegen der besonderen sicherheitstechnischen Anforderungen dürfen nur betriebsbewährte und langlebige Batteriebauarten eingesetzt werden, die für Erhaltungsladung besonders geeignet sind.
2. Batterien gelten als betriebsbewährt, wenn von den Batterien eine Norm existiert und die Batterien im Markt von verschiedenen Herstellern angeboten werden.
3. Der Nachweis der Langlebigkeit gleichwertiger Batteriebauarten ist erbracht, wenn die Batterie eine vom Hersteller garantierte Brauchbarkeitsdauer von mindestens zehn Jahren hat und vom Hersteller bestätigt wird, daß die Haltbarkeit nach DIN 43539 Teil 4 (»Prüfungen an ortsfesten Zellen und Batterien«) oder vergleichbaren Prüfvorschriften geprüft wurde.

Zu 6.4.3.5 [Ladeeinrichtung]
Die geregelte Ladekennlinie wurde gefordert, um eine sichere Erhaltungsladung gerätetechnisch sicherzustellen, unabhängig von der Netzspannung. Die automatische Ladung erhöht die Verfügbarkeit. Beide Forderungen entsprechen dem heutigen Stand der Technik.

Die geforderte sichere Trennung soll einen Übertritt der Netzspannung auf die Batterieanlage sicher verhindern; es dürfen also keine Spar-Transformatoren verwendet werden.

Zu 6.4.3.6 [Spannungstoleranzen]
Die in der Norm enthaltene Anmerkung spricht für sich.
Der Grundgedanke des Bestimmungstextes läßt sich so formulieren:
– Bei allen geforderten und möglichen Betriebszuständen sollen immer die vorgeschriebenen Beleuchtungsstärken eingehalten werden, ohne daß eine Schädigung von Betriebsmitteln erfolgt.
Hier sind verschiedene Lösungen denkbar. Eine davon ist die Verwendung von elektronischen Vorschaltgeräten (EVG) für die Sicherheitsbeleuchtung, die einen großen Toleranzbereich der Eingangsspannung ohne negative Auswirkungen auf das Betriebs- und Lichtstromverhalten zulassen.
Eine andere Lösung ist angepaßtes Lade-/Entladeverhalten von Batterieanlagen.

Zu 6.4.3.8 Tiefentladeschutz
Die Erfahrung der Prüfinstanzen bei Wiederholungsprüfungen haben gezeigt, daß in vielen Fällen der Zustand der Batterien auch aufgrund unsachgemäßer Betriebsweise ungenügend war. Deshalb hielt es das Komitee für erforderlich, den schon in der Vorgängernorm für bestimmte Schaltungsarten empfohlenen Tiefentladeschutz generell für Gruppenbatterie- und Zentralbatterieanlagen vorzuschreiben.
Die Entwicklung zur zentralen Gebäudeleittechnik, wie sie auch für Sicherheitsstromversorgungsanlagen in den Abschnitten 6.4.3.10 und 6.4.3.11 angedeutet wird, ist ein weiterer Grund für die Forderung nach einem automatisch wirkenden Tiefentladeschutz.

Zu 6.4.3.9 Betriebsanzeige- und Überwachungseinrichtungen
Die unter Position »d« bei Betriebs- und Überwachungseinrichtungen aufgeführten potentialfreien Kontakte zur Fernanzeige folgender Informationen:
– Anlage betriebsbereit,
– Speisung aus der Batterie,
– Anlage gestört,
sind ein wichtiger Punkt, nicht nur für den Hersteller solcher Geräte, sondern auch für den Errichter/Betreiber.
Zur Erfüllung der Anforderungen nach Abschnitt 6.1.5 bei einer zentralen Überwachungsstelle der Sicherheitsstromversorgung sind über die örtlichen Anzeigen hinaus die wichtigsten Zustandsmeldungen der Anlage zu übertragen.
Das kommt dem Betrieb eines Gebäudes mit zentraler Leittechnik entgegen, bei der Meldungen der Haustechnik ganz allgemein zur Anzeige und Registrierung gebracht werden.
Die hier vorgesehenen potentialfreien Kontakte können über die Leittechnik abgefragt werden, wenn diese Leittechnik den heute üblichen Standard mit Selbstüberwachung besitzt.

Zu 6.4.3.10 [Automatische Prüfeinrichtung]
Der Verzicht auf eine sonst verlangte tägliche manuelle Prüfung führte zu einer automatischen Prüfeinrichtung mit hoher Betriebssicherheit. Aus diesem Grund sind die detaillierten Anforderungen an solch eine Einrichtung in den Punkten a–e aufgelistet worden. Hiermit soll vermieden werden, daß unter dem Begriff »automatische Prüfeinrichtung« einfache und nicht funktionssichere Systeme für die Überwachung eingesetzt werden.
Die Registrierung bedeutet, daß eine dauerhafte Speicherung oder Aufzeichnung der Prüfergebnisse vorhanden sein muß.

Zu 6.4.3.11 [Fernschaltung]
Neu aufgenommen wurde die Fernschaltung unter den genannten Bedingungen. Damit wurde die Möglichkeit einer effektiven, zentralen Steuerung eröffnet.
Um die gleiche Sicherheit wie bei täglicher örtlicher Überwachung zu erreichen, müssen alle Betriebsanzeigen und Störungsmeldungen in den Abschnitten 6.4.3.9a und 6.4.3.9c zur Fernschaltstelle übertragen werden.

Zu 6.4.4 Ersatzstromaggregat

Zu 6.4.4.1 [Antriebsaggregat]
Der Hinweis auf die allgemeine Bauart eines Ersatzstromaggregates aus Dieselmotor und Synchrongenerator ist aufgenommen worden, weil sich die besondere Eignung dieser Aggregate in langer Erfahrungszeit herausgestellt hat. Sie haben in diesem Sinne Maßstabscharakter.
Das ausdrückliche Verbot der Anwendung von Otto-Motoren wurde ausgesprochen nach negativen Erfahrungen bezüglich der Startsicherheit dieses Motortyps und der Explosionsgefahr des Brennstoffes Benzin.
Die Anwendung von anderen Antrieben ist möglich, wenn diese alle beschriebenen Anforderungen erfüllen.

Die Frage, ob Aggregate, die nach dem Prinzip der Kraft-Wärmekopplung arbeiten, zulässig sind, ist nicht ohne genaue Kenntnis der betreffenden Anlage möglich. Allen diesen Anlagen ist gemein, daß die Führungsgröße der Wärmebedarf ist. Die »Kühlung« dieses Aggregates bewirkt den erwünschten Heizeffekt. Ist kein Wärmebedarf vorhanden, z. B. an warmen Tagen, kann das Aggregat mangels Kühlung nicht seine elektrische Leistung erbringen.
Der Anforderungsfall »Ersatzstromaggregat« im Sinne dieser Norm hat dagegen als Führungsgröße die elektrische Leistung. Bei der Auslegung und Konstruktion solcher Aggregate mit doppelter Funktion ist also **sicher** dafür Sorge zu tragen, daß die erforderliche elektrische Leistung erzeugt werden kann und dabei die entstehende Wärme auch bei fehlendem Wärmebedarf abgeführt werden muß.
Selbstverständlich müssen darüber hinaus auch alle anderen Forderungen der Norm erfüllt werden, z. B. bei den Fragen
– Anlaufsicherheit,
– Betriebsgrenzwerte,

- Steuerung und Überwachung,
- Kraftstoffvorrat.

Neu festgelegt wurden die Grenzwerte für das Betriebsverhalten. Danach gilt:
- für die maximal zulässige Abweichung bei der Ausgangsfrequenz
  bei statischem Betrieb ± 5%
  bei dynamischem Betrieb ±10%
- für die maximal zulässige Abweichung bei der Ausgangsspannung
  bei statischem Betrieb ± 2,5%
  bei dynamischem Betrieb +20 %/−15%

Statischer Betrieb entspricht dem Betrieb des Aggregates mit gleichbleibender, sich nicht ändernder Last, dynamischer Betrieb entspricht dem Betrieb mit sich ändernder Belastung (Einschaltung/Lastwechsel).
Die besondere Problematik ergibt sich bei der Einhaltung der Grenzwerte bei Einschaltung und/oder bei Lastwechseln. Der Normtext läßt zwei Auslegungen zu:
- Einhaltung der Grenzwerte bei Lastwechseln mit 80% der Nennleistung des Aggregates. Die Angabe »80% der Nennleistung des Aggregates« darf nicht mit »80% der Verbraucherlast« verwechselt werden.

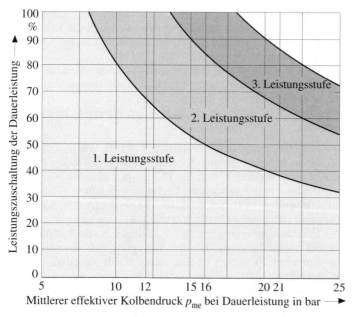

Bild 1–5. Richtwerte für Leistungsstufen in Prozent der Dauerleistung eines Stromerzeugungsaggregates in Abhängigkeit vom mittleren effektiven Kolbendruck des Antriebsmotorsgemäß DIN 6280 Teil 8, Abschnitt 5.1

Dieser Normtext wurde aufgenommen, weil ein solches Aggregat erfahrungsgemäß sicher ausgelegt ist, auch wenn bei einer frühen Planung nichts weiter bekannt ist als die zu erwartende Gesamtleistung des Aggregates.
- Einhaltung der Grenzwerte bei Lastwechseln mit der tatsächlich auftretenden Leistung der angeschlossenen Verbraucher.

Die erste Möglichkeit stellt beim Anlauf der Aggregate eine sehr harte Forderung dar. Sie ist mit aufgeladenen Motoren wegen der begrenzten Lastübernahmefähigkeit in der Regel nicht zu erreichen.

In **Bild 1–5** ist die Lastübernahmefähigkeit von Stromerzeugungsaggregaten in Abhängigkeit von mittlerem, effektivem Kolbendruck (das entspricht dem Aufladegrad) von Antriebsmotoren dargestellt. Dabei muß man davon ausgehen, daß der Grad der Aufladung der Antriebsmotoren mit zunehmender Leistung ansteigt.

So kann heute in etwa von folgender Situation ausgegangen werden:
Motorleistung bis 100 kVA ≙ Kolbendruck p_{me} = bis 8 bar
Motorleistung bis 600 kVA ≙ Kolbendruck p_{me} = bis 16 bar
Motorleistung bis 1 500 kVA ≙ Kolbendruck p_{me} = bis 21 bar

Um die Verwendung solcher Motoren zu ermöglichen, steht einer stufenweisen Aufschaltung der Last nichts im Wege, wenn die folgenden Gesichtspunkte bei der Auswahl und während der gesamten Betriebszeit beachtet werden. Dabei sollten die Stufen so groß wie möglich sein, um unnötigen Aufwand, und damit ein Vermindern der Sicherheit, zu vermeiden.

Es muß berücksichtigt werden:
- Unabhängig von der Art der Auslegung gilt:
»Innerhalb von 15 s müssen alle notwendigen Sicherheitseinrichtungen unter Einhaltung der Grenzwerte versorgt sein!«
- eine vollständige Verbraucherliste mit verbindlichen Leistungsangaben,
- eine genaue Kenntnis des Anlaufverhaltens der einzelnen Verbraucher,
- eine genaue Ermittlung über mögliche Zu- und Abschaltzeitpunkte von Verbrauchern und/oder Verbrauchergruppen.

Die besondere Schwierigkeit liegt in der Vorhersage, wann und in welcher Häufung z. B. Verbraucher wie Feuerwehraufzüge oder Druckerhöhungspumpen schalten:
- Bei niedrig projektierten Lastwechseln muß eine aufwendige und doch sichere Staffelschaltung vorgesehen werden, die jedoch insgesamt die geforderte Umschaltzeit für alle Verbraucher gewährleistet.
Wenn große dynamische Verbraucher die Nennleistung bestimmen, sind einer Staffelung natürliche Grenzen gesetzt.
- Im Laufe der Betriebszeit dürfen keine willkürlichen Änderungen an den Lastverhältnissen auf der Verbraucherseite passieren.

Anhand eines Beispiels soll aufgezeigt werden, wie die Dimensionierung und Auslegung für eine Ersatzstromanlage aussehen könnte.
Die endgültige Auslegung ergibt sich aus einem Wechselspiel zwischen Planer, Aggregateersteller und Ersteller der elektrischen Gesamtanlage.

Grundsätzlich sind bei den Anfragen für das Aggregat folgende Angaben zu definieren:
- Für das Antriebsaggregat die Wirkleistung.
- Für den Generator die Scheinleistung und die Anlaufverhältnisse (ohmsche Last, motorische Last).

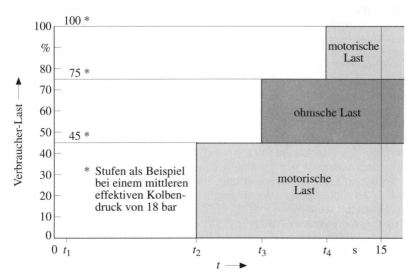

Bild 1–6. Zeitlicher Ablauf für den Start eines Ersatzstromaggregates

0	– Zeitpunkt der Netzstörung	(Verzögerungszeit nach DIN VDE 0108 Teil 1, Abschnitt 6.1.1
t_1	– Zeitpunkt des Startimpulses	0,5 s nach dem Zeitpunkt »0«)
t_2	– Zeitpunkt der 1. Zuschaltung	(Differenz $t_1 - t_2$ = Gesamtanlaufzeit)
t_3	– Zeitpunkt der 2. Zuschaltung	(Differenz $t_2 - t_3$ = Ausregelzeit 1)
t_4	– Zeitpunkt der letzten Zuschaltung	(Differenz $t_3 - t_4$ = Ausregelzeit 2)
15 s	– Zeitpunkt der endgültigen Versorgung	(Differenz $t_4 - 15$ s = Ausregelzeit 3)

Lastanforderungen
- Druckerhöhungspumpe für Löschwasser: ...kW; ...kVA, Kurzschlußläufer, (Stufe 1)   Direkteinschaltung
- Sicherheitsbeleuchtung ⎫
  ⎬ ohmsche Last, ...kW; ...kVA (Stufe 2)
- Alarmierungseinrichtungen ⎭

- Feuerwehraufzüge (Stufe 3): ...kW; ...kVA; Aussetzbetrieb; Anlaufstrom...fach
- Rauchabzugseinrichtung (Stufe 3): ...kW; ...kVA; Kurzschlußläufer, Direkteinschaltung

Zur Zeit ist DIN 6280 Teil 13 »Stromerzeugungsaggregate für Sicherheitsstromversorgungen« in Arbeit; diese Norm soll in eine internationale Norm überführt werden. Die Hinweise in dieser Norm müssen ebenfalls beachtet werden.
Die Zuschaltleistung der einzelnen Verbraucher kann in der zeitlichen Reihenfolge sehr schlecht genau bestimmt werden. Auch Gleichzeitigkeitsfaktoren und Belastungsgrad von Antrieben sind schwer vorauszusagen.
Wenn ein hoher Anteil an betriebsmäßig intermittierender Leistung zu erwarten ist, muß auch diese bei der Anfrage und Auslegung des Aggregates berücksichtigt werden.
Die endgültige Aggregateleistung ist dann unter Berücksichtigung einer angemessenen Reserve und tatsächlich notwendiger Anlauf- und Lastübernahmezeiten festzulegen.
Die zeitliche Staffelung der Lastzuschaltungen und damit auch die Aufgabenstellung für den Ersteller der elektrotechnischen Anlage kann man sich gut in Form eines Diagramms verdeutlichen.
In **Bild 1-6** ist der zeitliche Abauf des Startes und der Lastübernahme eines Ersatzstromaggregates dargestellt. Dabei ist folgendes Störfallszenario zugrunde gelegt:
> Nach Ausbruch eines Brandes läuft bei noch vorhandenem Netz die Druckerhöhungspumpe an. Dann fällt, z. B. als Folge des Brandes, das Netz aus.
> Der Motorabzweig der Pumpe hat keine Wiedereinschaltverzögerung, das heißt, dieser Motor wird als unbeeinflußbare 1. Stufe wirken.

Das Diagramm im Bild 1-5 zeigt nur **ein** Beispiel doch es soll dazu dienen, die Problematik bei der Vorhersage des »ungünstigsten« Lastfalles aufzuzeigen. Durch geeignete Maßnahmen, z. B. Spannungsrückgangsauslösung und kurzzeitige Wiedereinschaltsperre der Druckerhöhungspumpe, können sich die Stufen in ihrer Reihenfolge ändern.
Durch die Wahl eines anderen Aggregates kann sich auch die Zahl der Stufen ändern, wobei die Anzahl der Stufen ein Minimum sein soll.

Zu 6.4.4.2 [Bemessung]
Auch dieser Abschnitt enthält Teile der vorbeschriebenen Problematik.
In der Praxis zeigt sich, daß die Vorhersage über Zahl und Leistung der Verbraucher schwierig ist. Bei der Planung öffnet sich häufig die Schere zwischen der frühzeitigen Bestimmung des Aggregates, um die Raumdisposition zu ermöglichen, und der genauen Kenntnis der Verbraucher, die viel später liegt.
Man muß dabei die Raumauslegung großzügig gestalten, um hinterher nicht in Zwangslagen zu geraten.
Da auch andere Verbraucher als die reinen Sicherheitseinrichtungen zum Anschluß an die Ersatzstromaggregate zugelassen sind, hat die sichere Stromversorgung eine große Anziehungskraft auf alle Abnehmer, die aus Gründen der Verfügbarkeit möglichst keinen Stromausfall vertragen. So ergibt sich besonders auch im Laufe der Betriebszeit häufig eine Überlastung des Aggregates, die eine sichere Versorgung im Notfall gefährdet. Verstärkt wird dieser Umstand durch die

Tatsache, daß »scharfe« Notfallversuche schwierig sind. Hierbei müßte man nämlich alle ungünstigen Konstellationen in bezug auf die Verbraucher berücksichtigen.
Gleichzeitig sei hier an die Planer und Betreiber appelliert, sich dieser Problematik bewußt zu sein.

Zu 6.4.4.3 [Kühlung]
Dieser Abschnitt betont die Unabhängigkeit des Aggregates im Notfall von anderen Umfeldeinflüssen. Selbstverständlich muß auch bei der Konzeption von Be- und Entlüftung des Aggregates oder des Aggregateraumes dieser Gesichtspunkt berücksichtigt werden.

Zu 6.4.4.4 [Umschaltung]
Die Befolgung dieses Abschnittes soll gewährleisten, daß durch eine Umschaltung wirklich ein sicherer Betriebszustand erreicht wird.
Die Rückschaltung ist nicht geregelt. Um einen ruhigen Betriebszustand zu erreichen und unnötige Hin- und Herschaltungen zu vermeiden, ist folgende Verfahrensweise sehr zu empfehlen:
Die Rückschaltung erfolgt per Hand nach vorheriger Abstimmung mit dem zuständigen Energieversorgungsunternehmen. Erst wenn von dort signalisiert wird, daß ein stabiles Netz zu erwarten ist (z. B. Nachlassen von Eisabwürfen auf Freileitungen oder dergleichen), sollte wieder auf Netzversorgung zurückgeschaltet werden.

Zu 6.4.4.5 und 6.4.4.6 [Steuerung]
Diese Abschnitte beschreiben die Einrichtungen, die erforderlich sind, um ein sicheres Anlassen des Aggregates zu gewährleisten.
Es werden hier gleiche Maßstäbe angelegt wie bei den Batterieanlagen für Sicherheitszwecke, was z. B. auch durch die Beschränkung der Batterietypen gemäß DIN VDE 0510 Teil 2, Tabelle 4, zum Ausdruck kommt.

Zu 6.4.4.10 [Kraftstoffbehälter]
Die Kraftstoffbevorratung muß zwei Kriterien erfüllen:
– Die Startfreudigkeit des Aggregats.
  Das wird gut durch einen hochgelegenen Behälter erfüllt, der aus Gründen des Gewässerschutzes eine Auffangwanne besitzen muß.
  Die Höhe im Raum soll so bemessen werden, daß ein statischer Vordruck entsprechend einer Höhendifferenz von mindestens 0,5 m vor der Einspritzanlage herrscht.
– Der sichere Leistungsbetrieb.
  Dazu ist eine Kraftstofförderpumpe unumgänglich, die der Einspritzanlage ein mehrfaches der Kraftstoffmenge anbietet.
Die in der Norm vorgeschriebene Anordnung eines Kraftstoffbehälter mit einer Mindestmenge für 8 Stunden als Hochbehälter stößt in der Praxis auf sehr große Schwierigkeiten.

Die Erfüllung der vorgenannten Kriterien kann gut durch folgende Anordnung gewährleistet werden:
Ein Kraftstoffbehälter für etwa 2stündigen Betrieb ist zum Aggregat hin so anzuordnen, daß sich die Tankunterkante dieses Behälters mindestens 0,5 m über der Einspritzanlage befindet.
Damit wird erreicht, daß ein statischer Mindestvorlaufdruck vorhanden ist.
Für die Nachfüllung dieses Tanks ist eine automatische Nachfülleinrichtung vorzusehen. Zusätzlich ist eine Handpumpe erforderlich.
Dies deckt sich auch mit der Forderung in DIN 6280 Teil 13 (zur Zeit Entwurf).

Zu 6.4.4.11 bis 6.4.4.14 [Überwachungseinrichtungen]
Die Betriebsanzeige- und Überwachungseinrichtungen haben sich gegenüber der vorherigen Norm kaum geändert und entsprechen dem derzeitigen Stand der Technik.
Die neu geforderte Höchstwertanzeige beim Strom soll die Überwachung der Aggregatebelastung im Laufe der Betriebsjahre erleichtern. Eine Überlastung des Ersatzstromaggregates muß auf jeden Fall unterlassen werden.
Der Meldung »Batteriespannung unterschritten« ist besondere Beachtung zu widmen, denn diese Meldung muß sicher zur Überwachungsstelle übertragen werden, auch wenn die aggregateigene Hilfsspannung fehlt.

Zu 6.4.5 Schnell- und Sofortbereitschaftsaggregat

Diese Aggregatearten ergeben sich aus den Anforderungen bezüglich Umschaltzeiten, die nur mit einem solchen Aggregat zu beherrschen sind. Das Sofortbereitschaftsaggregat wird im Anwendungsbereich von DIN VDE 0108 nicht gefordert, kann aber aus Gründen einer unterbrechungsfreien Stromversorgung gewünscht werden.

Zu 6.4.6 Besonders gesichertes Netz

Die Ersatzstromversorgung kann bei den zugelassenen Anwendungsfällen auch durch die Umschaltung auf ein »Besonders gesichertes Netz« erfolgen.
Unterschiedliche Meinungen können sich bei der Bedingung b)
»Fehler im Stromversorgungsnetz der einen Einspeisung dürfen keine Störungen im Stromversorgungsnetz der anderen Einspeisung auslösen«
ergeben.
Die in der Norm zum Ausdruck gebrachten Anwendungsbeispiele spiegeln die hohen Sicherheitsanforderungen an diese Form der Ersatzstromquelle wider und sind meist nur bei größeren Anlagen einzuhalten. Zu bedenken ist dabei, daß in solchen Fällen die Sicherheitsbeleuchtung auch für Arbeitsplätze mit besonderer Gefährdung von dieser Art der Sicherheitsstromversorgung gesichert werden muß.
In jedem Fall ist eine sorgfältige Prüfung der Versorgungsverhältnisse zusammen mit den EVU unter Hinzuziehung eines Sachverständigen erforderlich.

Zu 6.5 Netzformen und Schutz gegen gefährliche Körperströme

Sicherstellen der elektrischen Versorgung der notwendigen Sicherheitseinrichtungen bedeutet außer dem Bereithalten einer von der allgemeinen Stromversorgung unabhängigen Ersatzstromquelle auch die gesicherte Energieweiterleitung von der Ersatzstromquelle bis zu den Verbrauchsmitteln über das Verteilungs- und Verbrauchernetz. Dazu gehört auch, daß durch den Netzaufbau und die Wahl der Schutzmaßnahme möglichst verhindert wird, daß bei Eintritt eines ersten Fehlers eine zu hohe Berührungsspannung an den Körpern der Sicherheitsstromversorgungsanlage auftritt, die eine unmittelbare Abschaltung des betroffenen Stromkreises erforderlich machen würde.
In der Vorgängernorm war für die Sicherheitsbeleuchtung mit Zentral- und Gruppenbatterie als Schutzmaßnahme nur die Schutzisolierung oder das Schutzleitungssystem zulässig, während bei »Beleuchtung mit Ersatzstromversorgung« keine besonderen Auflagen gemacht wurden. Nach DIN VDE 0100 Teil 560 sind jedoch generell für »Anlagen für Sicherheitszwecke« Schutzmaßnahmen bei indirektem Berühren **ohne** selbsttätige Abschaltung beim ersten Fehler zu bevorzugen. Die danach dringend notwendig gewordene Klärung und eindeutige Festlegung wurde in der vorliegenden Norm für Sicherheitsstromversorgungsanlagen nunmehr vollzogen (siehe Abschnitte 6.5.1 bis 6.5.2.2 der Norm).

Zu 6.5.1 [Schutzmaßnahmen bei vorhandenem Netz]

Bei Einspeisung der Sicherheitsstromversorgungsanlage aus dem Netz der allgemeinen Stromversorgung sind besondere Auflagen nicht erforderlich, da während dieser Zeit in aller Regel von einer normalen Versorgung auch der Verbraucher der allgemeinen Stromversorgung ausgegangen werden kann. Eine Störung der elektrischen Anlage dürfte sich in diesen Fällen immer nur in einem begrenzten Bereich auswirken.
Zur eventuell erforderlichen Anpassung der Betriebsspannung der allgemeinen Stromversorgung an die Betriebsspannung der Sicherheitsstromversorgung dürfen keine Einwicklungstransformatoren, wie z. B. Spartransformatoren, eingesetzt werden, da die Gefahr der Übertragung einer höheren Spannung auf die Sekundärseite im Fehlerfall hier nicht ausgeschlossen werden kann.

Zu 6.5.2 [Schutzmaßnahmen bei Einspeisung aus der Ersatzstromquelle]

Zu 6.5.2.1 Zu bevorzugende Schutzmaßnahmen bei Betrieb aus der Ersatzstromquelle
Bevorzugt anzuwendende Schutzmaßnahmen bei indirektem Berühren sind bei Betrieb aus der Ersatzstromquelle:

Schutzkleinspannung	nach DIN VDE 0100 Teil 410, Abschnitt 4.1,
Funktionskleinspannung	nach DIN VDE 0100 Teil 410, Abschnitt 4.3,
Schutzisolierung	nach DIN VDE 0100 Teil 410, Abschnitt 6.2,
Schutztrennung	nach DIN VDE 0100 Teil 410, Abschnitt 6.5,

Schutz durch Meldung mit Isolationsüberwachungseinrichtung im IT-Netz
nach DIN VDE 0100 Teil 410, Abschnitt 6.1.5.
Zu der praktischen Anwendung der einzelnen Schutzmaßnahmen ist folgendes zu bemerken:

Allgemeines
Ein Schutz gegen direktes Berühren von betriebsmäßig spannungführenden Teilen von Betriebsmitteln ist nach DIN VDE 0100 Teil 410 erforderlich, wenn die Nennspannung
    25 V   Wechselspannung oder
    60 V   Gleichspannung
überschreitet.
Dies könnte bedeuten, daß für Sicherheitsstromversorgungsanlagen mit niederer Nennspannung, z. B. Sicherheitsbeleuchtung mit 24 V Wechselspannung oder 48 V Gleichspannung, unisolierte Leitungsinstallationen zulässig wären. Dies ist jedoch nicht so, denn nach Abschnitt 6.7.1 dürfen nur isolierte Kabel und Leitungen verwandt werden, die nach Abschnitt 6.7.8 für mindestens 250 V Nennspannung isoliert sein müssen. Dies gilt auch für das übrige Installationsmaterial.
Ein Schutz bei indirektem Berühren (Berühren der Körper, leitfähigen Umhüllungen von Betriebsmitteln usw.) ist nach DIN VDE 0100 Teil 410 erforderlich, wenn die Berührungsspannung im Fehlerfall
    50 V   Wechselspannung oder
    120 V   Gleichspannung
überschreitet.
Diese Spannungsgrenzwerte entsprechen der dauernd zulässigen Berührungsspannung (internationale Festlegung), ab der mit der direkten Gefährdung des an Spannung geratenen Menschen gerechnet werden muß.
Konsequenz bei Sicherheitsstromversorgungsanlagen mit Nennspannungen über diesen Werten wäre die notwendige, unverzögerte Abschaltung des Stromkreises, in dem sich dieser Fehler gefährlich auswirken kann, oder das Vorsehen von sonstigen gefahrmindernden Ersatzmaßnahmen.
Ein unverzögertes Abschalten von Stromkreisen, außer im Fall eines Kurzschlusses mit der Gefahr einer gefährlichen Wärme- und eventuell Brandentwicklung, widerspricht jedoch der für Sicherheitsstromversorgungsanlagen notwendigen Versorgungssicherheit. Die nach Abschnitt 6.5.2.1 bevorzugt empfohlenen Schutzmaßnahmen tragen diesem Sicherheits- und Versorgungsanspruch im besonderen Rechnung.

Schutzkleinspannung und Funktionskleinspannung
nach DIN VDE 0100 Teil 410, Abschnitt 4.1 und Abschnitt 4.3
Wichtigste Merkmale beider Schutzmaßnahmen sind:
− Nennspannung maximal
    ∗ 50 V   Wechselspannung oder
    ∗ 120 V   Gleichspannung

- als Stromquellen sind zugelassen:
  * Sicherheitstransformatoren nach DIN VDE 0551 Teil 1 mit entsprechender max. Sekundärspannung (bei Funktionskleinspannung ohne sichere Trennung können auch Zweiwicklungstransformatoren nach DIN VDE 0550, z. B. Steuertransformatoren, verwendet werden).
  * Stromerzeugungsaggregate mit entsprechender Nennspannung
  * Akkumulatoren mit entsprechender Nennspannung
- die Erdung eines aktiven Leiters der Stromquelle und des Verteilungs-/Verbrauchernetzes ist nicht zulässig
- die Körper von Betriebsmitteln im Verteilungsnetz und von Verbrauchsmitteln, z. B. Leuchten,
  dürfen bei Schutzkleinspannung **nicht** geerdet,
  sollten bei Funktionskleinspannung mit sicherer Trennung **nicht** geerdet,
  müssen bei Funktionskleinspannung ohne sichere Trennung geerdet werden.

Versorgungssicherheit wird bei beiden Schutzmaßnahmen dadurch erreicht, daß ein Körperschluß – wegen des ungeerdeten Netzbetriebes – nicht zu einem Erdschluß mit Abschaltung führt.

Personenschutz wird dadurch erreicht, daß auch im Fehlerfall maximal nur die als dauernd zulässig geltenden Spannungswerte 50 V Wechselspannung oder 120 V Gleichspannung anstehen können.

Diese Spannungsgrenzwerte dürften allerdings auch in der Praxis die Anwendbarkeit dieser beiden Schutzmaßnahmen eingrenzen.

Schutzisolierung nach DIN VDE 0100 Teil 410, Abschnitt 6.2
Wichtigste Merkmale der Schutzmaßnahme sind:
- bei der Nennspannungshöhe gibt es bis 500 V keine Einschränkungen;
- bei den Stromquellen gibt es keine Einschränkungen;
- ab der Stromquelle sind ausschließlich schutzisolierte Betriebsmittel zu verwenden (Betriebsmittel der Schutzklasse II nach DIN VDE 106 und Geräte mit dem Symbol ▫ oder durch Ersatzisolierung entsprechend ertüchtigte Betriebsmittel);
- leitfähige Teile von Betriebs- und Verbrauchsmittel dürfen nicht geerdet oder mit dem PE verbunden werden.

Versorgungs- und Personensicherheit wird dadurch erreicht, daß durch die zusätzliche oder verstärkte Isolierung des gesamten Verteilungs- und Verbrauchernetzes einschließlich der Verbrauchsmittel ein Isolationsfehler mit Erdberührung und das Anstehen einer gefährlichen Berührungsspannung wegen nicht vorhandener Körper so gut wie ausgeschlossen werden kann.

Die Schutzmaßnahme Schutzisolierung ist überall da anwendbar, wo alle Betriebs- und Verbrauchsmittel mit der erforderlichen isolierenden Umhüllung ausgeführt werden können.

Schutztrennung nach DIN VDE 0100 Teil 410, Abschnitt 6.5
Wichtigste Merkmale der Schutzmaßnahme sind:
- bei der Nennspannungshöhe gibt es bis 500 V keine Einschränkungen;

- als Stromquellen sind zugelassen:
  * Transformatoren nach DIN VDE 0551 Teil 1
  * Stromerzeugungsaggregate
  * Akkumulatoren
- die Erdung eines aktiven Leiters der Stromquelle und des abgehenden Netzes ist nicht zulässig.
- von **einer** Stromquelle wird **ein** Verbrauchsmittel versorgt.
- von **einer** Stromquelle dürfen **mehrere** Verbrauchsmittel versorgt werden wenn:
  * die Leitungslänge des gesamten Netzes hinter der Stromquelle nicht mehr als 500 m beträgt und
  * das Produkt aus Nennspannung in V und Leitungslänge in m nicht den Grenzwert 100 000 V × m überschreitet und
  * die Körper von Verbrauchsmitteln untereinander durch einen erdfreien Potentialausgleich verbunden sind.
- die Körper von Betriebs- und Verbrauchsmitteln dürfen nicht geerdet werden.

Versorgungssicherheit wird dadurch erreicht, daß ein Körperschluß – wegen des ungeerdeten Netzes – nicht zu einem Erdschluß mit Abschaltung führt.

Bei der Versorgung von mehr als einem Verbraucher hinter einer Stromquelle erfolgt erst eine Abschaltung, wenn zwei Körperschlüsse in unterschiedlichen Phasen auftreten.

Personenschutz wird durch den niedrigen Ableitstrom erreicht, der durch die Begrenzung auf maximal zulässige Leitungslängen fixiert ist.

Wegen der Anforderungen: Erdfreiheit der Körper und »Begrenzung der Leitungslänge auf einen Maximalwert« bzw. »direkte Zuordnung von Stromquelle zu Verbrauchsmittel«, ist der Einsatz der Schutztrennung in der Praxis sicher auch von wirtschaftlichen Überlegungen abhängig.

Schutz durch Meldung mit Isolationsüberwachungseinrichtungen im IT-Netz nach DIN VDE 0100 Teil 410, Abschnitt 6.1.5

Wichtige Merkmale der Schutzmaßnahme sind:

- bei der Nennspannungshöhe gibt es keine Einschränkungen
- bei den Stromquellen gibt es keine Einschränkungen
- die Erdung eines aktiven Leiters der Stromquelle (z. B. Sternpunkt) und des Verteilungs-/Verbrauchernetzes ist nicht bzw. nur über eine hohe Impedanz zulässig
- über eine Isolationsüberwachungseinrichtung werden Isolationsfehler zur Erde festgestellt und gemeldet
- die Körper sind einzeln, gruppenweise oder in ihrer Gesamtheit über einen gemeinsamen Schutzleiter geerdet.

Versorgungssicherheit wird beim IT-Netz dadurch erreicht, daß ein Körperschluß, wegen des ungeerdeten Netzbetriebes, nicht zu einem Erdschluß mit Abschaltung führt. Durch die Isolationsüberwachungseinrichtung wird dieser erste Fehler aber festgestellt und angezeigt, und kann somit vor Eintritt eines weiteren Fehlers behoben werden.

Personenschutz ist dadurch gegeben, daß durch den ungeerdeten Netzbetrieb ein gefährlicher Stromfluß bei Körperschluß nicht entstehen kann. Dieser Fehlerstrom ist abhängig von den Ableitströmen des Leitungsnetzes der Gesamtanlage. Bei Körperschluß mit Erdberührung wird das Potential der beschädigten Phase direkt auf die Erde übertragen und der Potentialunterschied zwischen beiden annähernd zu Null, d. h., die Erde wird annähernd auf das Potential der fehlerbehafteten Phase angehoben. Zu beachten ist allerdings, daß hierdurch die Spannungsbeanspruchung zwischen den übrigen aktiven Leitern und Erde (PE) auf den Wert der verketteten Spannung ansteigt. Insgesamt wird ein gefahrloser Weiterbetrieb möglich, weshalb das IT-Netz seine besondere Anwendung in Bereichen wie z. B. in Krankenhäusern und im Bergbau unter Tage, findet.

Bei IT-Netzen mit einem mitgeführten Neutralleiter (Mittelleiter) zur Versorgung von Verbrauchern mit Phasenspannung (z. B. Leuchten) ist auf die gleichmäßige Aufteilung der Verbraucherleistung auf alle Phasen zu achten. Hierdurch soll verhindert werden, daß sich Schieflasten mit der Gefahr einer Nullpunktverlagerung des schwebenden Sternpunktes und entsprechenden Betriebsspannungsverschiebungen ergeben.

Nach DIN VDE 0100 Teil 410, Abschnitt 6.1.5.4, sind besondere Maßnahmen im IT-Netz erforderlich, die im Falle eines zweiten Fehlers zu einer schnellen Abschaltung oder gleichwertigen Ersatzmaßnahmen führen.

Nach Abwägung der Gefahren für Personen bei indirektem Berühren von Körpern im Fehlerfall einerseits und der Notwendigkeit der gesicherten Versorgung der Sicherheitseinrichtungen in allen Gefahrenfällen andererseits wurde für Sicherheitsstromversorgungsanlagen auf diese Forderungen verzichtet. Die Gründe hierfür waren:
– der erste Fehler wird über die Isolationsüberwachungseinrichtung erfaßt und kann im Normalfall rechtzeitig behoben werden,
– ein zweiter Fehler wird nur dann schädlich wirksam, wenn er in einer anderen Phase als der schon mit einem Fehler behafteten auftritt,
– wegen des Aufwandes der Einzelerdung der Körper wird man gleichzeitig berührbare Körper (Körper im Handbereich usw.) in einer Anlage immer über einen gemeinsamen Schutzleiter erden, d. h. in aller Regel leitend miteinander verbinden; die Gefahr »Potentialüberbrückung durch Personen« wird damit weitestgehend ausgeschlossen,
– durch die Erfüllung des selektiven Aufbaus des Sicherheitsstromversorgungsnetzes nach Abschnitt 6.7.11 wird sichergestellt, daß Fehler sich immer nur auf den unmittelbar betroffenen Stromkreis auswirken.

Auf die nach DIN VDE 0100 Teil 430, Abschnitt 9.22, für IT-Netze geforderte Überstromschutzeinrichtung im Neutralleiter wurde verzichtet. Das Komitee vertritt die Meinung, daß der hier betrachtete Fall des Doppelerdschlusses in zwei Stromkreisen, bei dem ein Außenleiter und ein Neutralleiter fehlerhaft ist und die Gefahr einer schädlichen thermischen Überlastung eines schwächeren Neutralleiterquerschnittes eintreten könnte, vernachlässigt werden kann.

Auf die Isolationsüberwachungseinrichtung im IT-Netz darf verzichtet werden, wenn die Einspeisung des Verbrauchernetzes über einen Einzelwechselrichter erfolgt und bei Eintritt des zweiten Fehlers die Ausgangsspannung auf < 50 V sinkt und sich abschaltet. Diese Betriebsart kommt z. B. bei Gruppenbatterieanlagen mit integrierten Einzelwechselrichtern in Frage.

Zu 6.5.2.2 [Sonderfall » TN-C-S-System (Netz)«]
Die Vorteile Personenschutz und Weiterbetrieb einer Anlage auch nach Eintritt des ersten Fehlers (Körperschluß) sprechen eindeutig für den Einsatz von Schutzmaßnahmen nach Abschnitt 6.5.2.1, die auch nach DIN VDE 0100 Teil 560 in Anlagen für Sicherheitszwecke bevorzugt einzusetzen sind. Wenn jedoch bestimmte Voraussetzungen erfüllt werden können, darf auch das TN-C-S-Netz angewandt werden.
Für TN-C-S-Netze gilt allgemein nach DIN VDE 0100 Teil 410, Abschnitt 6.1.3, daß:
durch Abstimmung der Kennwerte der Schutzeinrichtungen und der Querschnitte der Leiter sichergestellt ist, daß bei Auftreten eines Fehlers mit vernachlässigbarer Impedanz an beliebiger Stelle zwischen Außenleiter und Schutzleiter bzw. PEN-Leiter eine automatische Abschaltung der Schutzeinrichtung innerhalb einer vorgegebenen Zeit erfolgt.
Grund:
Im Fall eines Körperschlusses kann eine Spannungsanhebung des Schutzleiters gegenüber Erde entstehen, wodurch es zu einer gefährlichen Berührungsspannung an den übrigen Körpern der Anlage kommen kann.
Weiter stellt sich im Fall eines Körperschlusses, abhängig von der Leitungsimpedanz und der Impedanz der Fehlerstelle, ein Fehlerstrom ein, der bei Nichtabschaltung zu einer gefährlichen Erwärmung führen kann. Unmittelbare selbsttätige Abschaltung auch bei Körperschluß ist also beim TN-C-S-Netz zwingend erforderlich.
Unter Einbeziehung der Normen-Auflagen nach:
– getrenntem Aufbau der Verteiler (siehe Abschnitt 6.6.6),
– getrennter Führung des Leitungsnetzes (siehe Abschnitt 6.7.4),
– Funktionserhalt im Brandfalle (siehe Abschnitt 4.4),
– Aufteilung der Sicherheitsbeleuchtung auf zwei Endstromkreise bei mehr als einer Leuchte pro Raum (siehe Abschnitt 6.7.16),
– eigener Zuleitung für die Löschwasserversorgung vom Hauptverteiler (siehe Abschnitt 6.7.18),
und der
– generellen Anforderung nach selektivem Aufbau der Sicherheitsstromversorgungsanlage (siehe Abschnitt 6.7.11)
sowie der Berücksichtigung der Erfahrungen mit der Ersatzstromversorgung nach VDE 0108/12.79 war das Komitee der Auffassung, daß auch mit dem TN-C-S-Netz ausreichende Sicherheit bei Sicherheitsstromversorgungsanlagen erreicht wird, wenn die folgenden Auflagen zusätzlich erfüllt sind:
– **rechnerischer Nachweis,** daß in allen Stromkreisen, bei einem Fehler mit vernachlässigbarer Impedanz zwischen Außenleiter und Schutzleiter oder da-

mit verbundenem Körper, die dem Fehlerort unmittelbar vorgeschaltete Schutzeinrichtung innerhalb der festgelegten Zeit selbsttätig und selektiv abschaltet,
- als Sicherheitsbeleuchtung der Rettungswege, über die Mindestbeleuchtungsstärke von 1 Lux hinaus, von der Ersatzstromquelle und dem Verteilungs- und Verbrauchernetz eine Beleuchtungsstärke von 10% der normalen Beleuchtung sichergestellt wird.
- kein Einsatz von Fehlerstromschutzeinrichtungen in Stromkreisen der Sicherheitsstromversorgungsanlage.

Durch die Forderung nach selbsttätigem, selektivem Abschalten eines Fehlers soll sichergestellt werden, daß im Fehlerfall tatsächlich nur der fehlerbehaftete Stromkreis durch seine Schutzeinrichtung abgeschaltet wird und eine Abschaltung anderer Stromkreise durch übergeordnetes oder paralleles Ansprechen von Schutzeinrichtungen nicht eintritt. Durch den rechnerischen Nachweis soll erreicht werden, daß diesen Forderungen bereits im Projektierungsstadium bewußt Rechnung getragen wird.

Die Zuverlässigkeit der Sicherheitsstromversorgung im TN-C-S-Netz wird dadurch erhöht, daß für die Sicherheitsbeleuchtung in Rettungswegen über die Mindestbeleuchtungsstärke von 1 Lux hinaus eine Bereitstellung von 10% der normalen Beleuchtungsstärke dieser Bereiche (Räume, Flure, Treppenräume) gefordert wird. Dies führt bei der vorgegebenen maximal zulässigen Belastung eines Stromkreises von 6 A (siehe Abschnitt 6.7.13) auch zu einer höheren Stromkreisanzahl pro Bereich und damit ebenfalls zu höherer Sicherheit.

Fehlerstromschutzeinrichtungen dürfen wegen ihrer niedrigen Auslöseströme und der damit verbundenen Gefahr der Auslösung schon bei kleinen Ableitströmen nicht eingesetzt werden.

Rechnerische Ermittlung der Fehlerströme, Feststellen der Abschaltbedingungen und der Selektivität nach Abschnitt 6.5.2.2
Nach Abschnitt 6.5.2.2 ist bei der Feststellung der Abschaltbedingungen und der Selektivität von folgenden Annahmen auszugehen:
- Betrieb der Sicherheitsstromversorgung aus der Ersatzstromquelle
- Fehlerstelle, d.h. Kurzschlußstelle zwischen Außenleiter und Schutzleiter, liegt an beliebiger Stelle des Stromkreises und ist widerstandslos (satter Kurzschluß)
- Leitertemperatur im Leitungsnetz beträgt 80 °C (siehe DIN VDE 0100 Teil 600, Abschnitt 12, und DIN VDE 0102).

Zur Beurteilung der selbsttätigen Abschaltung und Selektivität im Fehlerstromkreis ist die Kenntnis des einpoligen Kurzschlußstromes in der Fehlerschleife erforderlich.

Nach DIN VDE 0102 ist hierbei der »kleinste« Kurzschlußstrom zu berücksichtigen im Gegensatz zum »größten« Kurzschlußstrom, der für die Vorgabe des erforderlichen Schaltvermögens der zu verwendenden Schutzeinrichtungen maßgebend ist.

Für die Berechnung wird angenommen, daß die Quellenspannung und die Impedanzen des Leitungsnetzes konstant bleiben; der Einfluß von Motoren wird vernachlässigt.

Für die Praxis soll nachfolgend in Anlehnung an DIN VDE 0102 eine vereinfachte Form der Kurzschlußstromermittlung aufgezeigt werden, die schnell zu den erforderlichen Anlagendaten führt und dabei auf jeden Fall auf der sicheren Seite liegt.
Wird mit dieser Berechnung kein in der betrachteten Anlage umsetzbares Ergebnis erzielt, so ist die exakte Berechnung nach DIN VDE 0102 erforderlich.
In jedem Fall ist folgender Betrachtungsablauf erforderlich:
1. Ermitteln der zu erwartenden Kurzschlußströme in den Stromkreisen,
2. Festlegen der Größe der Überstromschutzeinrichtung nach dem Auslösestrom,
3. Vergleich der Auslösekennlinien der in Reihe liegenden Überstromschutzeinrichtung zur Sicherstellung der selektiven Auslösung.

Berechnung der Kurzschlußströme in der Fehlerschleife
Maßgebend für die Höhe des einpoligen Kurzschlußstromes sind die Höhe der treibenden Spannung und die Impedanzen aller in der Schleife eingebundenen Betriebsmittel.

$$I_{k1} = \frac{c \times U_{ph}}{Z_k}$$

Darin bedeuten:
I_{k1} = einpoliger Kurzschlußstrom
c = Spannungsfaktor zur Berechnung des »kleinsten« Kurzschlußstromes nach DIN VDE 0102
(0,95 bis 230/400 V Betriebsspannung; 1,00 bei höheren Spannungen)
U_{ph} = Phasenspannung (Spannung zwischen Außenleiter und Schutzleiter)
Z_k = Summe aller Impedanzen in der Kurzschlußschleife

Ermittlung der Phasenspannung
Problemlos ist die Ermittlung der Phasenspannung U_{ph}. Sie liegt fest als Spannung zwischen den Außenleitern des Netzes und dem geerdeten Netzpunkt der Anlage und beträgt bei Ersatzstromquellen mit Stromerzeugungsaggregaten und beim »Besonders gesicherten Netz« üblicherweise 230 V. Bei Batterieanlagen können auch kleinere Werte vorkommen.

Ermittlung der Impedanzen
Der Wert der Impedanzen (Dämpfung) Z_k in der Kurzschlußschleife bildet sich aus den ohmschen und induktiven Widerständen **aller** Betriebsmittel in der Kurzschlußschleife und setzt daher die Betrachtung aller Betriebsmittel voraus. Insbesondere sind die Stromquellen, Transformatoren (soweit vorhanden) und die Kabel- und Leitungsverbindungen zu berücksichtigen.

$$Z_k = Z_Q + Z_T + Z_{L1} \cdots Z_{Lx}$$

Darin bedeuten:
Z_Q = Impedanz der Stromquelle
Z_T = Impedanz des Transformators
Z_L = Impedanzen der einzelnen in Reihe liegenden Kabel- und Leitungsverbindungen innerhalb der Fehlerschleife.

Impedanz der Stromquellen
Die Impedanz der Stromquelle Z_Q entspricht dem inneren Widerstand der Quelle im Kurzschlußfall bei angenommener unbeeinflußter Quellenspannung. Abhängig von der Art der Quelle ergeben sich gravierende Unterschiede.

Besonders gesichertes Netz

$$Z_Q = \frac{1,0 \times U_N^2}{S_k'' \times 10^3}$$

Darin bedeuten:
Z_Q = Impedanz des Netzes in mΩ
U_N = Netznennspannung (verkettete Spannung) in V, z. B. bei Niederspannung 400 V
S_k'' = Anfangskurzschlußleistung des EVU-Netzes oder des eigenen Kraftwerkes in MVA. Dieser Wert muß in der Regel erfragt werden.

Auf die Berücksichtigung der Netzimpedanz kann bei der Kurzschlußberechnung dann verzichtet werden, wenn eine Kurzschlußleistung von mehr als 50 MVA vorliegt. Der Wert von Z_Q liegt dann unter 5 mΩ und ist im Regelfall unbedeutend im Vergleich zu den Leitungsimpedanzen.

Zweiwicklungstransformatoren

$$Z_T = \frac{u_Z \times U_N^2}{S_T \times 10^2}$$

Darin bedeuten:
Z_T = Impedanz des Transformators in mΩ
u_Z = Kurzschlußspannung des Transformators in %
U_N = Nennspannung (verkettete Spannung) auf der Sekundärseite des Transformators
S_T = Transformator-Nennleistung in kVA

Stromerzeugungsaggregat
Abhängig von Faktoren wie Fehlerort (»generatornah« oder »generatorfern«), Regelung, induktiven und ohmschen Impedanzanteilen in der Fehlerschleife usw. ergibt sich bei Stromerzeugungsaggregaten ein zeitlich unterschiedlicher Übergang vom Höchstwert des auftretenden Kurzschlußstromes bis zum Dauerkurzschlußstrom, der dann konstant über längere Zeit ansteht. Doch spätestens nach

5 s muß, zum thermischen Schutz des Generators, auch der Dauerkurzschluß-strom abgeschaltet werden.
Wegen der Unsicherheit bei der genauen Bestimmung des sich zeitlich ändernden Kurzschlußstromes wird empfohlen, als Kurzschlußstrom für die Berechnung des Impedanzwertes des Generators den Dauerkurzschlußstrom zugrunde zu legen:

$$Z_G = \frac{0{,}95 \times U_N}{\sqrt{3} \times I_{kD1}}$$

Darin bedeuten:
Z_G = Impedanz des Generators bei einpoligem Fehler in mΩ
U_N = Generatornennspannung (verkettete Spannung) in V, z. B. 400 V
I_{kD1} = einpoliger Dauerkurzschlußstrom des Generators in kA.

In der Regel wird von den Herstellern in technischen Unterlagen nur der dreipolige Dauerkurzschlußstrom angegeben. Hier ist also Nachfrage erforderlich. Wird mit der Berücksichtigung des Dauerkurzschlußstromes kein in der betrachteten Sicherheitsstromversorgungsanlage umsetzbares Ergebnis erzielt, so kann im Einzelfall auch mit momentanen Kurzschluß-Stromwerten, die über dem Dauerkurzschlußstrom liegen, gerechnet werden. Genaue Abstimmung mit dem Aggregate- und Generatorschalter-Hersteller ist hierbei jedoch zwingend. Dies gilt auch bei der Erfüllung der Anforderungen nach Abschnitt 6.7.11.

Akkumulatoren-Batterien
Der innere Widerstand einer Akkumulatoren-Batterie ist stark abhängig von der Art der Batterie (Bleibatterie oder Nickel-Cadmium Batterie), der Plattenbauart (GroE, OPzS usw.), der Größe (Ah) und dem Ladezustand der Batterie.
Darüber hinaus kann es Unterschiede von Hersteller zu Hersteller geben. Es empfiehlt sich daher, den Wert des inneren Widerstands immer beim Hersteller zu erfragen.
Da der Wert des inneren Widerstandes von Batterien mit zunehmender Entladung ansteigt (z. B. bei 70 bis 80%iger Entnahme der Nennkapazität um das Doppelte), sollte für die Kurzschlußberechnung mit einem um den Faktor 1,5 höheren Wert gerechnet werden.
Wird vom Hersteller der Widerstand **einer** Zelle angegeben, so ist dieser Wert mit der Anzahl der in Reihe liegenden Zellen zu multiplizieren.
Ist der Wert des Kurzschlußstromes der Batterie bekannt, so ist der innere Widerstand wie folgt zu ermitteln.

$$R_i = \frac{U_N}{I_K}$$

Darin bedeuten:
U_N = Nennspannung der Akkumulatoren-Batterie
I_K = Kurzschlußstrom der Akkumulatoren-Batterie

Werden zur Erzeugung von Wechsel- oder Drehstrom Wechselrichter hinter die Akkumulatoren-Batterien geschaltet, so ist für die Kurzschlußberechnung von den Daten dieser Geräte auszugehen. Hier ist ebenfalls Rückfrage beim Hersteller erforderlich.

Impedanzen der Kabel-/Leitungsverbindungen
Bei der Ermittlung der Impedanzen der in Reihe liegenden Kabel- bzw. Leitungsverbindungen innerhalb der Fehlerschleife ist der Querschnitt der Außenleiter und des Schutzleiters zugrunde zu legen. Hierbei ist der ohmsche und der induktive Widerstandsanteil der Leiterschleife zu berücksichtigen.
In **Tabelle 1–1** sind die Widerstandswerte für übliche Leiterquerschnitte zusammengestellt.

Tabelle 1–1.

Nennquerschnitt mm^2	Wirkwiderstand r mΩ/m	induktiver Widerstand x mΩ/m	Impedanz z mΩ/m
4 × 1,5	15,05	0,115	15,050
4 × 2,5	9,05	0,110	9,051
4 × 4	5,654	0,107	5,655
4 × 6	3,757	0,100	3,758
4 × 10	2,244	0,094	2,246
4 × 16	1,415	0,090	1,418
4 × 25	0,898	0,086	0,902
4 × 35	0,652	0,083	0,657
4 × 50	0,482	0,083	0,489
4 × 70	0,336	0,082	0,346
4 × 95	0,244	0,082	0,257
4 × 120	0,195	0,080	0,211
4 × 150	0,155	0,080	0,174
4 × 185	0,125	0,080	0,148
4 × 240	0,099	0,079	0,127
4 × 300	0,078	0,079	0,111

Die angegebenen Werte für:
den ohmschen Widerstandsanteil: r bei 80 °C Leitertemperatur
den induktiven Widerstandsanteil: x bei symmetrischem Aufbau des Kabels
und den Scheinwiderstand: z
beziehen sich auf einen laufenden Meter **eines Leiters** eines Kabels oder einer Leitung.
Symmetrischer Aufbau bedeutet Mehrleiterkabel/-Leitung oder symmetrische Leiteranordnung bei Einleiterkabeln.

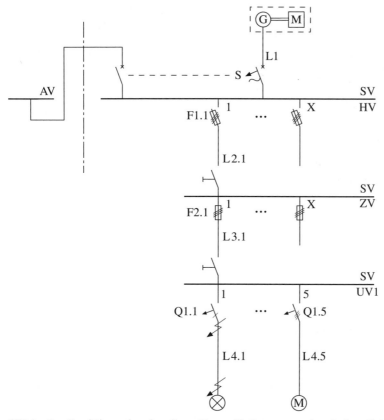

Bild 1—7. Ermittlung des einpoligen Kurzschlußstromes anhand eines Beispiels aus der Praxis

Es soll der »kleinste« einpolige Kurzschlußstrom bei einem Fehler im Stromkreis 1 hinter dem Unterverteiler UV 1 ermittelt werden. Der Fehler soll an beliebiger Stelle im Stromkreis angenommen werden.
Folgende technische Daten sind gegeben bzw. für die Planung angenommen:
Generatornennspannung: 230/400 V 50 Hz
Generatornennleistung: 200 kVA
Generator-Dauerkurzschlußstrom nach Herstellerangabe
$I_{kD3} = 940$ A
$I_{kD1} = 1{,}8 \times I_{kD3} = 1700$ A

Leitungsverbindung L1: $4 \times 120\,\text{mm}^2$ Cu, 10 m lang
Generatorschalter S: Nennstrom 315 A
    Auslösung 930 A
Leitungsverbindung L2.1: $4 \times 70\,\text{mm}^2$ Cu, 30 m lang
Sicherung F1.1:   100 A gL
Leitungsverbindung L3.1: $5 \times 16\,\text{mm}^2$ Cu, 50 m lang
Sicherung F2.1:   63 A gL
Stromkreis 1 von UV1:
Leitungsschutzschalter Q1.1:   10 A/B
Leitungsverbindung L4.1: $3 \times 1{,}5\,\text{mm}^2$ Cu, 80 m lang

Zu ermitteln sind zunächst die Impedanzen der Kurzschlußschleife **vor** der Überstromschutzeinrichtung des Stromkreises 1 von UV1.

$$Z_k = Z_G + Z_{L1} + Z_{L2.1} + Z_{L3.1}$$

$$Z_G = \frac{0{,}95 \times U_N}{\sqrt{3} \times I_{kD1}} = \frac{0{,}95 \times 400}{\sqrt{3} \times 1700} = 129\,\text{m}\Omega$$

$$Z_L = (z_{Ph} + z_{PE}) \times l$$

Darin bedeuten:
z_{Ph} = Scheinwiderstand des Außenleiters in mΩ/m
z_{PE} = Scheinwiderstand des Schutzleiters in mΩ/m
l = Länge des Leiters in m

Bei gleichem Querschnitt für Außenleiter und Schutzleiter bzw. PEN-Leiter ist
$Z_L = z \times 2 \times l$

$Z_{L1} = z_1 \times 2 \times l_1 = 0{,}211 \times 2 \times 10 = 4{,}22\,\text{m}\Omega$
$Z_{L2.1} = z_2 \times 2 \times l_2 = 0{,}346 \times 2 \times 30 = 20{,}76\,\text{m}\Omega$
$Z_{L3.1} = z_3 \times 2 \times l_3 = 1{,}418 \times 2 \times 50 = 141{,}80\,\text{m}\Omega$

Zur Vereinfachung der Rechnung wird auf das getrennte Betrachten der r und x-Werte, d.h. auf die geometrische Addition der einzelnen Widerstandswerte, verzichtet. Der errechnete Impedanzwert für die Kabel/Leitungen wird damit etwas höher, dafür kann aber auf die Berücksichtigung der Verteilerimpedanzen (Sammelschienen und Klemmstellen) verzichtet werden.
An der Einbaustelle der Überstromschutzeinrichtung Q1.1 ergibt sich:

$$Z_{Q1.1} = 129 + 4{,}22 + 20{,}76 + 141{,}80 = 295{,}78\,\text{m}\Omega$$

$$I_{kQ1.1} = \frac{c \times U_{ph}}{Z_{Q1.1}} = \frac{0{,}95 \times 230}{295{,}78} = 0{,}739\,\text{kA} = \mathit{739\,A}$$

Dies ist der **höchste** Kurzschlußstrom, der im Stromkreis 1 des UV 1 auftritt.
Der **niedrigste** Kurzschlußstrom im Stromkreis 1 tritt bei einem Fehler am Ende der Leitung L4.1 (z. B. direkt am Verbraucher) auf.

$$Z_{L4.1} = z_{4.1} \times 2 \times l_{4.1} = 15{,}05 \times 2 \times 80 = 2408 \, m\Omega$$

$$I_{kL4.1} = \frac{c \times U_{ph}}{Z_{Q1.1} + Z_{L4.1}} = \frac{0{,}95 \times 230}{295{,}78 + 2408} = 0{,}081 \, kA = \mathit{81 \, A}$$

Innerhalb dieser beiden Grenzwerte liegen alle anderen Kurzschlußströme, bei einem Fehler im Stromkreis 1. Es reicht daher aus, nur diese beiden extremen Orte (Anfang und Ende) eines Stromkreises zu betrachten.

Feststellen der selbsttätigen Abschaltung bei Kurzschluß
Laut Abschnitt 6.5.2.2 muß die Abschaltung der vorgeschalteten Überstromeinrichtung – im betrachteten Fall der Leitungsschutzschalter Q1.1 – im Kurzschlußfall selbsttätig innerhalb der nach DIN VDE 0100 Teil 410, Abschnitt 6.1.3, zulässigen Zeit erfolgen, d. h.
– in Stromkreisen bis 35 A Nennstrom mit Steckdosen innerhalb von 0,2 s,
– in Stromkreisen, die ortsveränderliche Betriebsmittel der Schutzklasse 1 enthalten, die während des Betriebes üblicherweise dauernd in der Hand gehalten oder umfaßt werden, innerhalb von 0,2 s,
– in allen anderen Stromkreisen innerhalb von 5 s.
Bei Verbrauchern in der Sicherheitsstromversorgung dürfte es sich fast immer um Geräte handeln, die direkt angeschlossen sind und im Betrieb nicht in der Hand gehalten werden. Die zulässige Auslösezeit von 5 s dürfte also der Regelfall sein.
Als nächster Schritt ist festzustellen, ob mit den ermittelten Kurzschlußströmen eine zeitgerechte **Auslösung** der vorgesehenen Überstromschutzeinrichtung erfolgt. Diese Überprüfung ist mit dem **niedrigsten** Kurzschlußstrom vorzunehmen, denn es kann davon ausgegangen werden, daß die selbsttätige Auslösung bei allen höheren Kurzschluß-Strömen in zulässiger Zeit erfolgt.
Wie aus **Bild 1–8** ersichtlich, ist für den Beispielfall festzustellen, daß die Auslösung des 10 A Leitungsschutzschalters mit $I_{kL4.1}$ von 81 A in weniger als 20 ms erfolgt.
Würde statt des 10 A Leitungsschutzschalters ein 16 A/B-Gerät verwendet werden, so wäre die Auslösung innerhalb der erforderlichen Zeit nicht unbedingt sichergestellt. In diesem Fall wäre zu überlegen ob der Impedanzwert der Kurzschlußschleife geändert werden muß, z. B. durch die Wahl eines höheren Leiterquerschnittes für den Stromkreis 1 oder durch die Kürzung der Leitungslänge des Stromkreises oder ob (soweit möglich) eine Überstromschutzeinrichtung mit niedrigerem Nennstrom vorgesehen wird (siehe hierzu jedoch Erläuterungen zu Abschnitt 6.7.13).
In dieser Weise sind alle Stromkreise des Verteilungs- und Verbrauchernetzes der Sicherheitsstromversorgungsanlagen, in denen das TN-C-S-Netz angewandt wer-

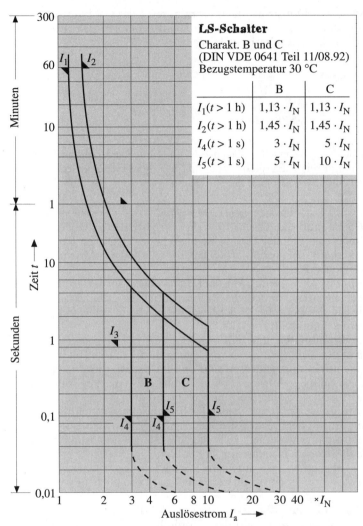

Bild 1–8. Strom/Zeit-Grenzabstand von Leistungsschutzschaltern

den soll, ab dem Hauptverteiler und auch zwischen Quelle und Hauptverteiler zu überprüfen. Dabei kann man sich die Arbeit dadurch vereinfachen, daß nur die extremen Stromkreise genau überprüft werden und man diese Vorgaben dann auf die vergleichbaren Stromkreise überträgt.

Feststellen der selektiven Abschaltung bei Kurzschluß
Als letzter Schritt ist die nach Abschnitt 6.5.2.2 erforderliche selektive Abschaltung zu überprüfen.
Diese kann entweder durch Stromselektivität – hier ist das Auslösekriterium die Stromhöhe, die die erste Überstromschutzeinrichtung ansprechen läßt, bevor die davor angeordnete Schutzeinrichtung angeregt wird – oder durch Zeitselektivität – hier ist das Auslösekriterium die gestaffelte Auslösezeit – oder durch Kombinationen von beiden sichergestellt werden.
Sicherungen und Leitungsschutzschalter haben bekanntermaßen nicht veränderbare Strom/Zeit-Kennlinien, während Leistungsschalter mit einstellbaren Auslösern ausgerüstet werden können und so eine Anpassung an spezielle Auslöseerfordernisse möglich wird.
Selektivitätsfeststellung heißt Betrachtung der Auslösecharakteristiken von jeweils zwei hintereinander angeordneten Schutzeinrichtungen. Folgende Möglichkeiten von in Reihe angeordneten Schutzeinrichtungen sind in der Praxis üblich:
– zwei Leistungsschalter,
– Leistungsschalter und Sicherung,
– Leistungsschalter und Leitungsschutzschalter,
– zwei Sicherungen,
– Sicherung und Leitungsschutzschalter,
– zwei Leitungsschutzschalter.
Diese Kombinationsmöglichkeiten haben hinsichtlich der zu erreichenden Selektivität folgende Merkmale:
– Selektivität zwischen zwei Leistungsschaltern
 Leistungsschalter sind üblicherweise mit thermischen und/oder magnetischen Auslösern ausgestattet. Diese können festeingestellt oder einstellbar ausgeführt werden. Je nach Bauart und Auslöserkombination ist Strom- oder Zeitselektivität erreichbar. In jedem Fall ist es wichtig, die vom Hersteller angegebenen Kennwerte zugrunde zu legen. Als ausreichender Auslösezeitabstand zwischen den Schaltern hat sich bei mechanischen Auslösern in der Praxis 150 ms bewährt. Bei elektronischen Auslösern sind auch kürzere Zeitabstände möglich.
– Selektivität zwischen Leistungsschalter und Sicherung (gL nach DIN VDE 0636)
 Fall 1: Leistungsschalter und nachgeschaltete Sicherung
 Die Auslösekennlinie des Leistungsschalters muß im Kurzschlußbereich einen Zeitabstand (Verzögerung) von mindestens 100 ms gegenüber der Kennlinie der Sicherung haben.
 Fall 2: Sicherung und nachgeschalteter Leistungsschalter
 Die Auslösekennlinie der Sicherung muß im Kurzschlußbereich einen Zeitabstand (Verzögerung) von mindestens 70 ms gegenüber der Kennlinie des Leistungsschalters haben.
– Selektivität zwischen Leistungsschalter und Leitungsschutzschalter
 Wegen der für Leitungsschutzschalter vorgegebenen unverzögerten Auslösung im Kurzschlußfall innerhalb von 100 ms, der bauartbedingten Nennstromobergrenze von 63 A und der üblichen Praxis, Leistungsschalter erst ab höheren

Betriebsströmen einzusetzen, kann in der Regel von gegebener Stromselektivität ausgegangen werden. Im übrigen dürfte dieser Anwendungsfall in der Praxis eher selten sein.
- Selektivität zwischen zwei Sicherungen (gL nach DIN VDE 0636)
  Nach der Gerätenorm sind Sicherungen so gebaut, daß sie sich ab einem Nennstromverhältnis von 1:1,6 zueinander selektiv verhalten. Dies gilt ab der Nennstromgröße 16 A. Das heißt, daß bei einer um den Faktor 1,6 größeren Vorsicherung gegenüber der nachgeschalteten immer von Stromselektivität ausgegangen werden kann.
- Selektivität zwischen Sicherungen (nach DIN VDE 0636)
  und Leitungsschutzschalter
  (nach DIN VDE 0641 mit B/C-Auslösecharakteristik)
  Bei der Anordnung des Leitungsschutzschalters hinter einer vorgeschalteten Sicherung gilt nach DIN VDE 0641, daß Selektivität bis zu dem Strom besteht, bei dem der Durchlaß-I^2t-Wert des Leitungsschutzschalters kleiner ist als der Schmelz-I^2t-Wert der Sicherung.

In der Praxis hat sich jedoch eingebürgert, nicht die I^2t-Werte der Schutzeinrichtungen, sondern die Strom-/Zeit (It)-Auslösekennlinien als Vergleichskennwerte zu verwenden (**Bild 1–9** und **Bild 1–10** für Sicherungen und Bild 1–8 Leitungsschutzschalter). Dies ist für den Normalfall auch ausreichend, jedoch muß sichergestellt sein, daß die vorerwähnte Normenauflage eingehalten wird, d. h. der I^2t-Wert des Leitungsschutzschalters unter dem der Sicherung liegt.

Nach DIN VDE 0641 werden die I^2t-Werte der Leitungsschutzschalter in drei Strombegrenzungsklassen eingeteilt, wobei Klasse 3 der höchsten Strombegrenzung, d. h. dem geringsten Durchlaßwert, entspricht.

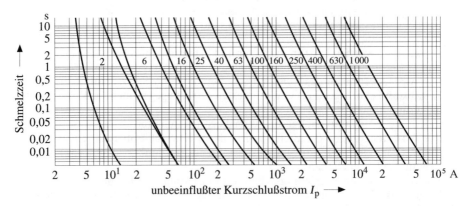

Bild 1–9. Zeit/Strom-Bereiche für NH-Sicherungseinsätze der Betriebsklasse gL (nach DIN VDE 0636 Teil 21)

Ein Leitungsschutzschalter mit dem Kennzeichen: | 6000 |
| 3 |

wie er für Gebäude-Installationsanlagen von den EVU allgemein gefordert wird, hat ein Schaltvermögen von 6000 A und die Strombegrenzungsklasse (Selektivitätsklasse) 3. Für diese Geräte kann angenommen werden, daß die Selektivitätsgrenze zur Vorsicherung (maximaler Kurzschlußstrom bei dem noch Selektivität gegeben ist) beim:
30fachen Gerätenennstrom liegt,
  bei einer Differenz zur Vorsicherung von einer Nennstromstufe,
60fachen Gerätenennstrom
  bei einer Differenz von 2 Nennstromstufen,
90fachen Gerätenennstrom
  bei einer Differenz von 3 Nennstromstufen.
Beispiel: 10 A Leitungsschutzschalter zu 16 A Vorsicherung
  Selektivitätsgrenze = 30 × 10 A = 300 A
Werden genauere Angaben zur Selektivitätsgrenze erforderlich oder sind die Stufen zwischen Leitungsschutzschalter und Vorsicherung höher, so ist der Hersteller der Leitungsschutzsicherung zu befragen (Beispiel: **Tabelle 1–2**).
- Selektivität zwischen zwei Leitungsschutzschalter
  Wegen der unverzögerten Auslösung der Geräte ist bei hintereinander angeordneten Leitungsschutzschalter Selektivität im Kurzschlußfall nur schwer zu erreichen. Diese Anordnung sollte daher in der Praxis möglichst vermieden werden.

Dichtes Anordnen von Überstromschutzeinrichtung hintereinander, z. B. eine Eingangssicherung im Verteiler vor dem Leitungsschutzschalter als Abgang, kann

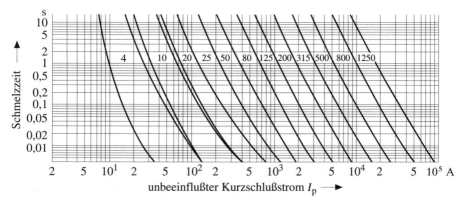

Bild 1–10. Zeit/Strom-Bereiche für NH-Sicherungseinsätze der Betriebsklasse gL (nach DIN VDE 0636 Teil 21)

– wegen der dann nicht vorhandenen Dämpfung zwischen den beiden Schutzeinrichtungen – zu Problemen bei der Erfüllung der Selektivität führen. Es sollten daher Schutzeinrichtungen nur da vorgesehen werden, wo sie zwingend erforderlich sind, z. B. am Anfang von Stromkreisen, bei Querschnittsänderungen oder bei gravierenden Änderungen der Verlegeverhältnisse (Häufung, höhere Umgebungstemperatur usw.). Für reine Trennstellen sollten Lastschalter ohne Auslöser vorgesehen werden.

Anders als bei der selbsttätigen Abschaltung ist bei der Feststellung der **Selektivität** der Fehler im Stromkreis von Bedeutung, der den **höchsten** Kurzschlußstrom zur Folge hat, denn durch diesen besteht am ehesten die Gefahr, daß auch die nächste Schutzeinrichtung mit angeregt wird und auslöst. Bei der Feststellung der

Tabelle 1–2. Mindest-Selektivitätsgrenzwerte in A von N-Automaten zu Siemens-Sicherungen in Abhängigkeit von I_N

Vorsicherungen			Selektivitätsgrenzwerte in A			
DIAZED	NH	NEOZED	B 10 C 8	B 16/20 C 10	B 25 C 16/20	C 25/32
16			320	–	–	–
	16		270	–	–	–
		16	380	–	–	–
20			580	580	–	–
	20		400	390	–	–
		20	520	510	–	–
25			920	880	–	–
	25		650	620	–	–
		25	720	700	–	–
35			1500	1400	1350	–
	35		1300	1200	1150	–
		35	1350	1300	1250	–
50			2650	2500	2300	2000
	50		2300	2150	2050	1800
		50	2250	2150	2050	1850
63			4300	4000	3600	3000
	63		2900	2650	2500	2200
		63	3100	2950	2800	2500
80			5350	5100	4700	4000
	80		4300	4000	3700	3100
		80	3900	3700	3500	3200
100				$>I_K$	$>I_K$	6000
	100		$>I_K$	$>I_K$	5900	5200
		100	$>I_K$	$>I_K$	6000	5300
			$I_K = 6000$ A			

selektiven Abschaltung genügt es daher meist, den Kurzschluß am Anfang eines Stromkreises zu betrachten.
Im Beispiel ist durch Kennlinienvergleich festzustellen, ob durch den Kurzschluß unmittelbar hinter dem Leitungsschutzschalter Q1.1 die Auslösung dieser Schutzeinrichtung mit ausreichendem Strom- oder Zeitabstand vor einer möglichen Auslösung der Sicherung F2.1 eintritt.
Der Kennlinienvergleich zeigt:
    Auslösung des Leitungsschutzschalters Q1.1 (10 A/B)
    mit $I_{kQ1.1} = 739$ A erfolgt in weniger als 20 ms
    Unterbrechung der Sicherung F2.1 (63 A)
    mit 739 A erfolgt frühestens in 30 ms und spätestens in 200 ms
    (siehe Zeit/Strom-Kennlinie für Sicherungen gL).
Feststellung: es ist durch den Zeitabstand Selektivität gegeben und die Selektivitätsgrenze nach Tabelle 1–2 nicht überschritten.
In dieser Weise sind alle Stromkreise des Verteilungs- und Verbrauchernetzes der Sicherheitsstromversorgungsanlage, in denen das TN-C-S-Netz angewandt werden soll, durch Kennlinien-Vergleich zu überprüfen.
Es gilt hier, analog zu der Feststellung der selbsttätigen Auslösung, daß man sich die Arbeit dadurch vereinfachen kann, daß nur die extremen Stromkreise genau überprüft werden und diese Ergebnisse dann als Vorgaben auf alle vergleichbaren Stromkreise übertragen werden. Dies gilt im besonderen für die Endstromkreise.
Die Stromkreise des Verteilungsnetzes bis zur ersten Überstrom-Schutzeinrichtung hinter der Ersatzstromquelle wird man dagegen einzeln überprüfen müssen, da die Vergleichbarkeit der Stromkreis-Kenndaten hier nur selten gegeben ist. Zur Berechnungsdurchführung siehe auch die Erläuterungen zu Abschnitt 6.7.11.

Zu 6.6 Verteiler

Als Verteiler gelten auch die Schaltanlagen, Schalttafeln, Automatikschränke und die Stromkreisabgangseinheiten oder -felder in Zentralbatterie- und Gruppenbatterieanlagen. Für die Unterbringung sind die Anforderungen nach Abschnitt 4.4 zu beachten.

Zu 6.6.1 [Verteiler-Normen]

Für die Verteiler gelten die Errichtungsnormen DIN VDE 0660 Teil 500, DIN VDE 0659 oder DIN VDE 0603.

Zu 6.6.2 [Anordnung der Netzumschaltung]

Für den Hauptverteiler der Sicherheitsstromversorgung ist die Netzumschalteinrichtung (Kuppelschalter) der Einspeiseschalter des allgemeinen Netzes, im Gegensatz zu der Einspeisung aus der Ersatzstromquelle.
Mit der Anordnung des Kuppelschalters im Hauptverteiler der Sicherheitsstromversorgung soll erreicht werden, daß Fehler, die im Hauptverteiler der allgemei-

nen Stromversorgung entstehen können (z. B. thermische Überlastung, Sammelschienen-Kurzschlüsse), sich nicht direkt auf den Kuppelschalter auswirken können und zum Versagen des Schalters und zu einer Gefährdung der Sicherheitsstromversorgung insgesamt führen.

Dies bedeutet konsequenterweise auch, daß die elektrische Verbindung zwischen beiden Verteilern besonders sicher aufzubauen ist; z. B. durch eine erd- und kurzschlußsichere, isolierte Kabel- oder Schienenverbindung oder mittels kurzschlußsicherer Durchführung, die einen Fehlerübertritt von einem Verteiler zum anderen verhindert.

Zu 6.6.3 [Kurzschlußfestigkeit der Netzumschaltung]

Obwohl der Kuppelschalter und die Kabel- oder Schienenverbindung bezüglich ihres Nennstromes nur für den Verbraucherstrom der Sicherheitsstromversorgungsanlage auszulegen ist, fließt, im Falle eines Kurzschlusses im Hauptverteiler der Sicherheitsstromversorgung oder im Verteilungsnetz, über diese Verbindung auch der volle Kurzschlußstrom des allgemeinen Netzes. Für diese Netzkurzschlußleistung ist der Kuppelschalter auszulegen, oder es ist die Verbindung durch eine zusätzliche Überstrom-Schutzeinrichtung gegen das Auftreten gefährlicher Kurzschlußströme zu schützen, z. B. durch Sicherungen, die im Hauptverteiler der allgemeinen Stromversorgung eingebaut werden.

Ob das Schaltgerät (Leistungsschalter oder Schütz) für den maximal auftretenden Kurzschlußstrom geeignet ist, ist anhand der Gerätedaten (Herstellerangaben) festzustellen. Bei der Verwendung von Schützen ist bei der Festlegung des Kurzschlußschutzes mindestens Klasse c nach VDE 0660 Teil 104 für das Schaltgerät zugrunde zu legen.

Oft wird vom einspeisenden EVU die allpolige Trennung der Sicherheitsstromversorgung vom Netz der allgemeinen Stromversorgung verlangt. Ob die Netzumschalteinrichtung (Kuppelschalter) dafür auszulegen ist, daß auch der Neutralleiter mitgeschaltet wird, hängt aber auch vom Netzaufbau der Sicherheitsstromversorgung ab. Soll diese z. B. bei vorhandener Netzversorgung als TN-S-Netz und bei Einspeisung aus der Ersatzstromquelle als IT-Netz betrieben werden, ist eine allpolige Trennung erforderlich.

Zu 6.6.4 [Zulässige Netzkupplung]

Die Einspeisung des Hauptverteilers der Sicherheitsstromversorgung aus dem Netz der allgemeinen Stromversorgung kann entweder auf der Hochspannungsebene oder der Niederspannungsebene erfolgen. Dies gilt so generell.

Dieses Prinzip ist auch dann einzuhalten, wenn es sich um die Versorgung mehrerer Gebäude mit jeweils eigenem Hauptverteiler pro Gebäude handelt und diese von einer zentralen Ersatzstromquelle versorgt werden. Grund ist, daß nur so einfache und überschaubare Verriegelungen aufbaubar sind, mit denen die in der kurzen Umschaltzeit erforderlichen Schalthandlungen sicher durchgeführt

werden können. Weiter wird dadurch auch die nach DIN VDE 0100 Teil 560, Abschnitt 3.6, geforderte leichte Wartbarkeit erhöht.
Die Zulässigkeit, von einer zentralen Ersatzstromquelle mehrere Gebäude zu versorgen, darf nicht dazu führen, daß bei Versagen eines Kuppelschalters, d. h. bei Nichttrennung der Versorgungsbereiche »Allgemeine Stromversorgung« und »Sicherheitsstromversorgung«, eine Überlastung der Ersatzstromquelle und Gefährdung der Versorgung der anderen Gebäude entsteht.
Hierzu sind bei der Versorgung der einzelnen Gebäude im Stich oder bei Ringversorgung schnellwirkende Lastüberwachungseinrichtungen erforderlich, die diesen fehlerhaften Anlagenteil erkennen und heraustrennen.

Zu 6.6.5 [Abschaltung wichtiger Stromkreise]

Wenn über Hauptschalter oder Bereichsschalter ein Spannungsfreischalten in Betriebsruhezeiten vorgenommen wird, ist darauf zu achten, daß hierdurch nicht auch »notwendige Sicherheitseinrichtungen« abgeschaltet werden. Dies betrifft im besonderen alle selbsttätig anlaufenden Einrichtungen, wie Feuermeldeanlagen, Löschwasserpumpen, Hebeanlagen.
Auffallende gelbe Kennzeichnung nach DIN 4844 ist bei allen Schaltern erforderlich, durch deren Ausschalten Gefahr für den sicheren Betrieb der zu versorgenden notwendigen Sicherheitseinrichtung entstehen kann.

Zu 6.6.6 [Trennung der Unterverteiler]

Eine eigene Umhüllung und vollkommene »bauliche« Trennung (im Aufbau getrennt) von Verteilern der allgemeinen Stromversorgung ist für Unterverteiler und Zwischenverteiler der Sicherheitsstromversorgung erforderlich. Die früher zulässige einfache Schottung innerhalb eines gemeinsamen Verteilers ist damit nicht mehr ausreichend. Bezüglich des Funktionserhalts bei äußerer Brandeinwirkung sind die Anforderungen nach Abschnitt 4.4 einzuhalten (siehe Erläuterungen hierzu).

Zu 6.6.7 [Isolationsmessung]

Diese Anforderung läßt sich am einfachsten durch die Verwendung von Neutralleiter-Trennklemmen erfüllen. Wichtig ist, daß diese Messung an jedem Stromkreis durchgeführt werden kann.

Zu 6.7 Kabel- und Leitungsanlage

Neben den »elektrotechnischen« Anforderungen sind für die Kabel- und Leitungsanlagen auch die brandschutztechnischen Erfordernisse entsprechend Abschnitt 4.4 der Norm zu beachten.

Zu 6.7.1 [Zulässige Kabel- und Leitungsbauarten]

Siehe hierzu Erläuterungen zu Abschnitt 5.2.3.1.

Zu 6.7.2 [Erd- und kurzschlußsichere Verlegung]

Siehe hierzu Erläuterung zu Abschnitt 5.2.3.2.
Die Befestigungsunterlage muß nichtbrennbar sein. Dies gilt auch für die unmittelbare Umgebung der Kabel und Leitungen.

Zu 6.7.3 [Durchführen durch Ex-Bereiche]

Gemeint ist hier das »Durchführen« von Kabeln oder Leitungen des Verteilungsnetzes oder von Verbraucherstromkreisen für **andere** Räume oder Bereiche der baulichen Anlage.
Explosionsgefährdete Bereiche sind in Arbeits- und Lagerräumen von Arbeitsstätten möglich (siehe hierzu die »Verordnung über elektrische Anlagen in explosionsgefährdeten Räumen (ElexV)« und DIN VDE 0165).
In feuergefährdeten Bereichen soll, nach DIN VDE 0100 Teil 560, das »Durchführen« von Kabeln und Leitungen der Anlagen für Sicherheitszwecke ebenfalls vermieden werden.

Zu 6.7.4 [Getrennte Verlegung]

Um die Betriebssicherheit des Leitungsnetzes der Sicherheitsstromversorgung durch elektrische Fehler, Eingriffe oder Änderungen an anderen Betriebsmitteln nicht zu gefährden, ist eine getrennte Verlegung von den Kabeln und Leitungen anderer Anlagenteile erforderlich. Dies bedeutet eine räumliche Trennung, wobei bei einer Verlegung von Kabeln/Leitungen der allgemeinen Stromversorgung und der Sicherheitsstromversorgung auf einem gemeinsamen Tragesystem für die Sicherheitsstromversorgung mindestens eine eigene Verlegebahn (Pritsche/Wanne usw.) vorzusehen ist.
Auf die Forderung nach getrennter Verlegung wird für die Endstromkreise der Sicherheitsbeleuchtung und der Alarmierungsgeräte verzichtet, da hier von einer redundanten Versorgung der Räume oder Bereiche, wie sie nach Abschnitt 6.7.16 verlangt wird, ausgegangen werden kann. Dies gilt besonders im Bereich der Räume, für die diese Einrichtungen vorgesehen sind.
Bei gehäufter Verlegung der Endstromkreise, z. B. im Bereich von Verteilern, sollte jedoch auf eine getrennte Verlegung von den Leitungsanlagen der allgemeinen Stromversorgung geachtet werden.
Unabhängig von der getrennten Verlegung ist die Forderung nach Funktionserhalt im Brandfall entsprechend Abschnitt 4.4 einzuhalten.

Zu 6.7.5 [Zentrale Ersatzstromquelle]

Der Start der Ersatzstromquelle und die Versorgung der notwendigen Sicherheitseinrichtungen aus dieser soll nur dann erfolgen, wenn die Versorgung des Hauptverteilers der Sicherheitsstromversorgung durch Störung des allgemeinen Netzes nicht mehr sichergestellt ist (siehe auch Abschnitt 6.2.1.2/3). Dies gilt auch, wenn mehrere Gebäude aus einer »zentralen« Ersatzstromquelle versorgt werden und in einem dieser Gebäude ein Ausfall der allgemeinen Stromversorgung eintritt. Als Hauptverteiler der Sicherheitsstromversorgung gilt hierbei der »zentrale« Verteiler, der direkt von der Ersatzstromquelle eingespeist wird (siehe Bild 1–11). Hierdurch wird die Versorgungssicherheit insgesamt erhöht, weil Spannungsunterbrechungen durch Schalthandlungen und Einsatz der Ersatzstromquelle vermieden werden, solange die Netzversorgung am zentralen Verteiler vorhanden ist.
Die Einspeisung der Gebäude-Hauptverteiler der Sicherheitsstromversorgung vom zentralen Hauptverteiler muß redundant über mindestens zwei von einander unabhängigen Kabelverbindungen erfolgen **(Bild 1–11)**. Hierbei ist durch die Anordnung und Auswahl der Schutzeinrichtungen in den beiden Kabelverbindungen das selbsttätige, selektive Abschalten einer fehlerhaften Kabelverbindung sicherzustellen.

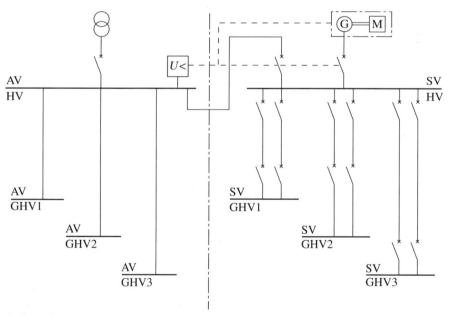

Fallbeispiel: zentrale AV/SV; SV-Netz mit Doppel-Stichkabel

Bild 1–11. Sicherheitsstromversorgung mehrerer Gebäude aus einer zentralen Ersatzstromquelle. Beispiel 1: Erfüllung von Abschnitt 6.7.5, Absätze 1 und 2

Um bei der unsichtbaren Verlegeart »Legung im Erdreich« einen totalen Ausfall bei Beschädigung – z. B. durch Erdarbeiten – auszuschließen, ist ein ausreichender Abstand zwischen den beiden Kabeltrassen einzuhalten. Ein 2-m-Mindestabstand hat sich in der Praxis als ausreichend erwiesen.

Im Bereich der Gebäudeeinführungen ist durch besonderen mechanischen Schutz eine Gefährdung dieser Kabel auszuschließen.

Auch die genaue Kennzeichnung in aktuellen Lageplänen ist eine wichtige Sicherheitsmaßnahme.

Bei Verlegung außerhalb des Erdreiches in Kabelkanälen oder Räumen ist auf eine getrennte Anordnung der Kabel zu anderen Kabelverbindungen, z. B. allgemeiner Stromversorgung oder Kabel für andere Einrichtungen, zu achten.

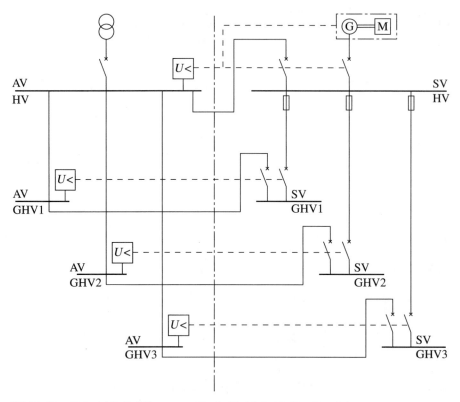

Bild 1–12. Beispiel 2: Erfüllung von Abschnitt 6.7.5, Absätze 2 und 4

Um auch im Brandfall einen Weiterbetrieb der notwendigen Sicherheitseinrichtungen zu gewährleisten, ist für diese »brandgefährdeten« Strecken ein Funktionserhalt von 90 min (E 90 nach DIN 4102 Teil 12) sicherzustellen (siehe zu den möglichen Maßnahmen die Erläuterungen zu Abschnitt 4.4 und Anhang).

Statt der Einspeisung über mindestens zwei voneinander unabhängiger Kabel, vom zentralen Hauptverteiler bis zum jeweiligen Gebäude-Hauptverteiler der Sicherheitsstromversorgung, genügt die Einspeisung über eine Kabelverbindung, wenn folgender Aufbau der Gesamtversorgung gewählt wird **(Bild 1–12** und **Bild 1–13)**:
Statt der Trennung zwischen dem Verteilungsnetz der allgemeinen Stromversorgung und der Sicherheitsstromversorgung schon ab dem zentralen Hauptverteiler, erfolgt diese erst ab den Hauptverteilern in den einzelnen Gebäuden.

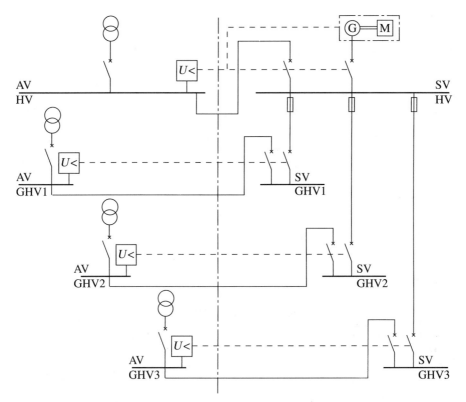

Bild 1–13. Beispiel 3: Erfüllung der Anforderung nach Abschnitt 6.7.5.4, Absatz 2. Absatz wird dann erfüllt, wenn ausreichende AV-Leistung vorhanden

In den zu versorgenden Gebäuden ist hierbei für die Sicherheitsstromversorgung jeweils eine Einspeisung aus der allgemeinen Stromversorgung erforderlich. Über diese erfolgt bei vorhandener Netzversorgung die Einspeisung der Verbraucher der Sicherheitsstromversorgung. Die Einspeisung vom zentralen Hauptverteiler der Sicherheitsstromversorgung steht hierbei in Bereitschaft. Bei einem Spannungsausfall im Gebäude-Hauptverteiler der allgemeinen Stromversorgung (Spannungsüberwachung in diesem Verteiler) erfolgt die Trennung der beiden Gebäude-Hauptverteiler durch Öffnen des »Kuppelschalters« und Einschaltung der Einspeisung vom zentralen Hauptverteiler der Sicherheitsstromversorgung. Die Verriegelung der Schalter gegeneinander und die Befehlsgabe von der Spannungsüberwachung ist so aufzubauen, daß der Spannungsausfall der allgemeinen Stromversorgung zwingend zu einer Umschaltung auf die Einspeisung der zentralen Sicherheitsstromversorgung führt.

Für die Verlegung und den Schutz im Brandfall gilt für die Einspeisekabel der Sicherheitsstromversorgung auch hier Trennung von anderen Kabeln und Funktionserhalt E 90.

Zu 6.7.6 [Getrennte Stromkreisführung]

Die nach DIN VDE 0100 Teil 520, Abschnitt 6, erlaubte gemeinsame Führung mehrerer Hauptstromkreise in einem Kabel oder einer Leitung ist bei der Sicherheitsstromversorgung nicht zulässig. Nicht erlaubt ist ebenso das Zusammenfassen von drei Wechselstromkreisen mit einem gemeinsamen Neutralleiter als Verbraucherstromkreise, z. B. zur Versorgung von Sicherheitsleuchten. Hier sind drei separate Leitungen ab dem Unterverteiler erforderlich. Der Grund ist, daß beim Ausfall des Neutralleiters alle drei Stromkreise gestört werden.

Zu 6.7.7 [Getrennte PE und N]

Siehe Erläuterung zu Abschnitt 5.2.3.4.

Zu 6.7.8 und 6.7.10 [Installationsmaterial]

Unabhängig von der Betriebsspannung ist in Anlagen der Sicherheitsstromversorgung Installationsmaterial zu verwenden, das mindestens für eine Nennspannung von 250 V bemessen ist. Betroffen sind hier insbesondere Kabel und Leitungen, Verbindungs-, Abzweig- und Schaltgeräte.

Entgegen DIN VDE 0100 Teil 600, Abschnitt 9, muß als Isolationswiderstand der Stromkreise ein Wert von $2 k\Omega/V$ Nennspannung, mindestens aber $500 k\Omega$ erreicht werden.

Aus Gründen der mechanischen Festigkeit darf auch für Endstromkreise der Leiterquerschnitt bei fester Verlegung $1,5 mm^2$ Cu nicht unterschreiten.

Zu 6.7.9 [Schutz gegen thermische Überlastung]

Bei der Dimensionierung der Leiterquerschnitte der Endstromkreise und besonders der Verteilerstromkreise der Sicherheitsstromversorgung sind die folgenden Normenauflagen zu beachten:
- Nach DIN VDE 0100 Teil 560, Abschnitt 5.3, **darf** der Schutz gegen Überlast für Stromkreise in »Anlagen für Sicherheitszwecke« entfallen.
- Nach DIN VDE 0100 Teil 430, Abschnitt 5, **soll** der Schutz in »Stromkreisen, die der Sicherheit dienen«, entfallen. Eine mögliche Überlast muß bei der Festlegung des Leiterquerschnittes berücksichtigt werden.
  Grund: eine mögliche, vorübergehende Überlast der Stromkreise der Sicherheitsstromversorgung sollte nicht zu einer Abschaltung führen, da die sich daraus ergebende Gefahr für Personen und Sachen in jedem Fall höher eingeschätzt werden muß als eine begrenzte thermische Überlastung von Stromkreisen.
- Kurzschlußschutz ist jedoch zwingend erforderlich.

Eine Belastbarkeitsreserve ist danach generell für **alle** Stromkreise der Sicherheitsstromversorgung vorzusehen. Mindestens um einen Querschnitt höher, als nach der Belastung durch den Betriebsstrom erforderlich, sollte dabei die Belastbarkeit aller Kabel/Leitungen für Sicherheitsstromversorgungs-Stromkreise ausgelegt sein.

Werden Kabel/Leitungen der Sicherheitsstromversorgung zum Erreichen eines Funktionserhalt (siehe Abschnitt 4.4) in thermisch isolierenden geschlossenen Kanälen und Schächten verlegt, so ist bei der Dimensionierung der Leiterquerschnitte die unter Umständen eingeschränkte Stromwärmeabfuhr durch diese Umkleidungen zusätzlich zu berücksichtigen. Abhängig von der Häufung der verlegten Kabel und Leitungen und ihrer Betriebsart kann im Einzelfall eine weitergehende Reduzierung der Belastbarkeit erforderlich werden.

Zu 6.7.11 [Anforderungen an den Aufbau der Sicherheitsstromversorgungsanlage zur selbsttätigen, selektiven Abschaltung im Kurzschlußfall]

Ein Kurzschluß in einer Sicherheitsstromversorgungsanlage muß durch Überstrom-Schutzeinrichtungen erkannt und selbsttätig und selektiv abgeschaltet werden, um
- einen Ausfall der Sicherheitsstromversorgungsanlage – über den unmittelbar betroffenen Fehlerbereich hinaus – sicher zu verhindern,
- eine gefährliche Überlastung, besonders der Ersatzstromquelle, zu vermeiden,
- Spannungseinbrüche zu vermeiden, die die sichere Stromversorgung gefährden könnten,
- eine gefährliche Wärmeentwicklung an der Fehlerstelle mit der Gefahr einer Brandentwicklung, zu verhindern.

Dies gilt für das gesamte Netz der Sicherheitsstromversorgung, sowohl bei Einspeisung aus der allgemeinen Stromversorgung als auch bei Einspeisung aus

der Ersatzstromquelle und unabhängig von der Art der gewählten Netzform und Schutzmaßnahme. Zum Erkennen und selbsttätigen, selektiven Abschalten eines Kurzschlusses ist eine Abstimmung **aller** Netzkomponenten untereinander erforderlich. Dies soll durch eine entsprechende Dimensionierung im Planungsstadium einer Anlage sichergestellt werden.
Nach Abschnitt 8.2.6 der DIN VDE 0108 sind entsprechende Planungen und Berechnungen als Beleg zur Erfüllung dieser Anforderungen erforderlich.

Randbedingungen beim Nachweis der selbsttätigen, selektiven Abschaltung im Kurzschlußfall
Nach Abschnitt 6.7.11 ist bei der Feststellung der Abschaltbedingungen und Selektivität von folgenden Annahmen auszugehen:
- Der Betrieb der Sicherheitsstromversorgungsanlage erfolgt sowohl aus dem Netz der allgemeinen Stromversorgung als auch aus der Ersatzstromquelle,
- die Fehlerstelle, d. h. Kurzschlußstelle zwischen den Außenleitern (dreipoliger und zweipoliger Kurzschluß) und zwischen Außenleiter und Neutralleiter oder Schutzleiter (einpoliger Kurzschluß), liegt an jeder beliebigen Stelle der Stromkreise und ist widerstandslos (satter Kurzschluß),
- die Abschaltung erfolgt innerhalb von maximal 5 s oder in kürzerer Zeit, wenn dies zum thermischen Schutz der Leiterquerschnitte nach DIN VDE 0100 Teil 430 erforderlich oder nach DIN VDE 0100 Teil 410 verlangt ist (siehe hierzu Erläuterung zu Abschnitt 6.5.2.2),
- Berücksichtigung des »kleinsten« Kurzschlußstromes nach DIN VDE 0102, d. h. Spannungsfaktor $c = 0{,}95$ bis 230/400 V Betriebsspannung
  $= 1{,}00$ bei höheren Spannungen
  Leitertemperatur im Leitungsnetz $= 80\,°C$.

Der erforderliche Nachweis setzt die folgenden Berechnungs- und Betrachtungsschritte voraus:
1. Ermittlung der Kurzschlußströme in den Stromkreisen anhand der Impedanzen der Betriebsmittel,
2. Festlegen der Größe der Überstromschutzeinrichtungen nach dem Auslösestrom,
3. Vergleich der Auslösekennlinien der in Reihe liegenden Überstromschutzeinrichtungen zur Sicherstellung der selektiven Abschaltung.

Ermittlung der zu erwartenden »kleinsten« Kurzschlußströme in den Stromkreisen
Für die Berechnung von Kurzschlußströmen in Drehstromnetzen gilt DIN VDE 0102. In Anlehnung an diese Norm soll nachfolgend eine vereinfachte Form der Kurzschlußstromermittlung aufgezeigt werden, die schnell zu den erforderlichen Anlagendaten führt und dabei auf jeden Fall auf der sicheren Seite liegt. Wird mit dieser Berechnung kein in der zu betrachtenden Anlage umsetzbares Ergebnis erzielt, so ist die exakte Berechnung nach DIN VDE 0102 erforderlich.

Laut Abschnitt 6.7.11 sind alle denkbaren Kurzschlußfehler in einem Stromkreis zu berücksichtigen. Dieser scheinbar hohe Berechnungsaufwand reduziert sich jedoch in der Praxis erheblich, da bei der Erfüllung der Normenanforderung von folgenden Zusammenhängen ausgegangen werden kann:
– Auslösung der Überstrom-Schutzeinrichtung in vorgegebener Zeit:
Zur Auslösung einer Überstrom-Schutzeinrichtung (Leitungsschutzschalter, Sicherung oder Leistungsschalter) innerhalb einer vorgegebenen Zeit ist ein Strom bestimmter Größe erforderlich. Höhere Ströme als dieser »Mindestauslösestrom« führen auf jeden Fall zu einer zeitgerechten Abschaltung.
Es ist daher der **niedrigste** Kurzschlußstrom I_{kn}, der in der Fehlerschleife entstehen kann, zu ermitteln und mit dem Auslösestrom I_a der vorgeschalteten Schutzeinrichtungen zu vergleichen.

Forderung: $I_{kn} \geq I_a$.

Nun wird der niedrigste Kurzschlußstrom immer
    bei Einspeisung aus einer Quelle mit niedriger Kurzschlußleistung (in aller Regel die Ersatzstromquelle)
    und bei hoher Leitungsimpedanz (Fehler am Ende des Stromkreises)
auftreten.
Betrachtet werden muß also die Versorgungsart »Ersatzstromquellenbetrieb«, der höchstmögliche Leitungsimpedanzwert und der Kurzschlußfall dreipolig (soweit dreipolige Netze vorhanden) und einpolig.
Auf die Betrachtung des zweipoligen Kurzschlusses kann generell verzichtet werden, da dieser wertmäßig immer zwischen dem dreipoligen und einpoligen liegt. Die Betrachtung des dreipoligen und einpoligen Kurzschlusses bei Stromerzeugungsaggregaten ist erforderlich, weil abhängig von den Impedanzverhältnissen bei beiden Fehlerarten der »niedrigste« Kurzschlußstrom auftreten kann.
– Auslösung der Überstrom-Schutzeinrichtung selektiv zur nächsten in Reihe vorgeschalteten Schutzeinrichtung:
Bei der Abstimmung der in Reihe liegenden Schutzeinrichtungen sind die Besonderheiten ihrer Auslösecharakteristika zu beachten (siehe hierzu Erläuterungen zu Abschnitt 6.5.2.2). Sicherzustellen ist, daß ein Kurzschluß von der ihm unmittelbar vorgeordneten Überstromschutzeinrichtung erfaßt und abgeschaltet wird und die nächstvorgeordnete Schutzeinrichtung nicht auslöst.
Wenn dies für den **höchsten** in einer Fehlerschleife auftretenden Kurzschlußstrom sichergestellt ist, kann davon ausgegangen werden, daß dies für alle anderen möglichen Kurzschlußströme in der Fehlerschleife ebenfalls gilt.
Es ist also der **höchste** Kurzschlußstrom in der Fehlerschleife zu ermitteln und durch Kennlinienvergleich die Strom- und Zeitselektivität zu überprüfen.
Nun wird der niedrigste Kurzschlußstrom immer
    bei Einspeisung aus einer Quelle mit niedriger Kurzschlußleistung (in aller Regel die Ersatzstromquelle)
    und bei hoher Leitungsimpedanz (Fehler am Ende des Stromkreises)
auftreten.

Betrachtet werden muß also die Versorgungsart »Netzbetrieb«, der niedrigstmögliche Leitungsimpedanzwert und der Kurzschlußfall dreipolig und, soweit anlagenbedingt erforderlich, einpolig.

Kurzschlußstromberechnung
Für die Ermittlung des dreipoligen und einpoligen Kurzschlußstromes in der Fehlerschleife gilt

$$I_k = \frac{c \times U_{ph}}{Z_k}$$

Dabei bedeutet:
I_k = drei-/einpoliger Kurzschlußstrom
c = Spannungsfaktor zur Berechnung des »kleinsten« Kurzschlußstromes nach DIN VDE 0102 (0,95 bis 230/400 V Betriebsspannung,
          1,00 bei höheren Spannungen)
U_{ph} = Phasen- oder Strangspannung (Spannung zwischen Außenleiter und Neutralleiter oder Sternpunkt des Systems)
Z_k = Summe aller Impedanzen in der Kurzschlußschleife beim einpoligen bzw. dem Strang bis zur Kurzschlußstelle beim dreipoligen Kurzschluß.

Ermittlung der Phasen-/Strangspannung
Dies ist die Spannung zwischen den Außenleitern und dem geerdeten oder ungeerdeten Netzpunkt (z. B. Sternpunkt) der Anlage oder der Ersatzstromquelle. Sie beträgt üblicherweise 230 V. Bei Akkumulatoren als Ersatzstromquellen können auch niedere Werte vorkommen (siehe hierzu auch Erläuterungen zu Abschnitt 6.5.2.2).

Ermittlung der Impedanzen
Der Wert der Impedanzen Z_k in der Kurzschlußschleife ergibt sich aus den ohmschen und induktiven Widerständen **aller** Betriebsmittel durch die der Kurzschlußstrom fließt. Im Fall der Versorgung aus dem allgemeinen Netz bedeutet dies die Einbeziehung des vorgelagerten Netzes (in aller Regel ein EVU-Netz), der Einspeisetransformatoren und aller Kabel- und Leitungsverbindungen. Bei Versorgung aus der Ersatzstromquelle ist deren Impedanz zu berücksichtigen und die Impedanz aller Kabel- und Leitungsverbindungen.

Impedanz des vorgelagerten Netzes
Siehe hierzu Erläuterungen zu Abschnitt 6.5.2.2 zu »Besonders gesichertes Netz«.

Zweiwicklungstransformatoren
Siehe hierzu Erläuterungen zu Abschnitt 6.5.2.2.

Stromerzeugungsaggregat
Siehe hierzu Erläuterungen zu Abschnitt 6.5.2.2.

Akkumulatoren-Batterie
Siehe hierzu Erläuterungen zu Abschnitt 6.5.2.2.

Impedanz der Kabel/Leitungsverbindungen
Für die Ermittlung der Impedanz einer Kabel- oder Leitungsverbindung sind der oder die Leiterquerschnitte, über die der Kurzschlußstrom fließt, und deren Länge maßgebend. Hierbei ist der Scheinwiderstand, d.h. der ohmsche und induktive Widerstandsanteil des Leiters oder der Leiterschleife, zu berücksichtigen. In Tabelle 1–1 sind diese Werte für übliche Leiterquerschnitte und eine symmetrische Leiteranordnung zusammengestellt.
Zu beachten ist:
Bei der Berechnung des einpoligen Kurzschlußstromes ist der Widerstandswert des Außenleiters und des Rückleiters (Neutralleiter oder Schutzleiter) zwischen Netz oder Ersatzstromquelle und der Fehlerstelle zu berücksichtigen.
Bei der Berechnung des dreipoligen Kurzschlußstromes ist der Widerstandswert nur des Außenleiters zwischen Netz oder Ersatzstromquelle und der Fehlerstelle zu berücksichtigen.

Die technischen Daten der Betriebsmittel sind für folgende Berechnung identisch mit dem Beispiel zu Abschnitt 6.5.2.2:
Anfangskurzschlußleistung des EVU-Netzes

S_k'':	250 MVA
Netztransformator	
Nennleistung:	630 kVA
u_z:	6%
Nennspannung:	20 kV/230/400 V
Ersatzstromquelle:	Generator
Nennleistung:	200 kVA
Nennstrom:	290 A
Dauerkurzschlußstrom:	940 A bei dreipoligem Fehler
	1700 A bei einpoligem Fehler
	nach Herstellerangabe
Leitungsverbindung L0:	3 Systeme $4 \times 1 \times 300\,mm^2$ Cu, 10 m lang
Leitungsverbindung L1:	$4 \times 120\,mm^2$ Cu, 10 m lang
Generatorschalter:	
Nennstrom:	315 A
Auslösung:	930 A
Leitungsverbindung L2.1:	$4 \times 70\,mm^2$ Cu, 30 m lang
Leitungsverbindung L3.1:	$5 \times 16\,mm^2$ Cu, 50 m lang
Stromkreis 1 von UV1	
LS-Schalter Q1.1:	10 A/B einpolig
Leitungsverbindung L4.1:	$3 \times 1{,}5\,mm^2$ Cu, 80 m lang
Stromkreis 5 von UV1	
LS-Schalter Q1.5:	10 A/C dreipolig
Leitungsverbindung L4.5:	$5 \times 2{,}5\,mm^2$ Cu, 30 m lang

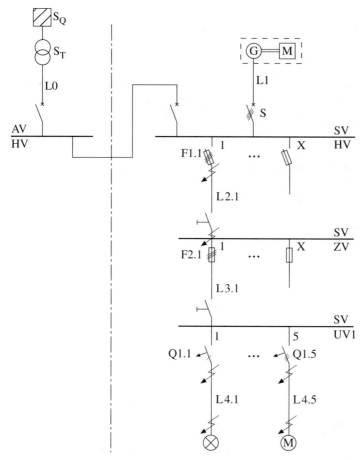

Bild 1–14. Ermittlung des einpoligen und des dreipoligen Kurzschlußstromes anhand eines Praxisbeispiels

Es sollen die Abschalt- und Selektivitätsbedingungen für den Abgangsstromkreis 1 vom Hauptverteiler HV und die Endstromkreise 1 und 5 vom Unterverteiler UV1 überprüft werden.

Ermittlung der »kleinsten« Kurzschlußströme
Im **ersten** Schritt werden die Kurzschlußströme in den zu betrachtenden Stromkreisen ermittelt.

1. Ermittlung des höchsten und niedrigsten Kurzschlußstromes bei einem Fehler im Stromkreis 1 des Hauptverteilers

1.1 Impedanzen bei Netzbetrieb und dreipoligem Fehler an der Sicherung F1.1 (niedrigste Impedanz)

$$Z_{k3} = Z_Q + Z_T + Z_{L0}$$

$$Z_Q = \frac{1{,}0 \times U^2}{S_k'' \times 10^3} = \frac{1{,}0 \times 400^2}{250 \times 10^3} = 0{,}63 \text{ m}\Omega$$

$$Z_T = \frac{u_z \times U^2}{S_T \times 10^2} = \frac{6 \times 400^2}{630 \times 10^2} = 15{,}24 \text{ m}\Omega$$

$$Z_{L0} = z_0 \times l_0 = 0{,}111 \times 10 \quad = \underline{1{,}11 \text{ m}\Omega}$$
$$Z_{k3L0} = \underline{\underline{16{,}98 \text{ m}\Omega}} \quad \text{(Impedanz am Stromkreisanfang)}$$

1.2 Impedanz bei Ersatzstromquellenbetrieb und dreipoligem Fehler am Ende der Leitung L2.1 (höchste Impedanz)

$$Z_{k3} = Z_G + Z_{L1} + Z_{L2.1}$$

$$Z_{G3} = \frac{0{,}95 \times U_N}{\sqrt{3} \times I_{KD3}} = \frac{0{,}95 \times 400}{\sqrt{3} \times 940} = 233{,}39 \text{ m}\Omega$$

$$Z_{L1} = z_1 \times l_1 = 0{,}211 \times 10 \quad = \quad 2{,}11 \text{ m}\Omega$$

$$Z_{L2.1} = z_{2.1} \times l_{2.1} = 0{,}346 \times 30 \quad = \underline{10{,}38 \text{ m}\Omega}$$
$$Z_{k3L2.1} = \underline{\underline{245{,}88 \text{ m}\Omega}} \quad \text{(Impedanz am Stromkreisende bei dreipoligem Kurzschluß)}$$

1.3 Impedanz bei Ersatzstromquellenbetrieb und einpoligem Fehler am Ende der Leitung L2.1 (höchste Impedanz)

$$Z_{k1} = Z_G + Z_{L1} + Z_{L2.1}$$

$$Z_{G1} = \frac{0{,}95 \times U_N}{\sqrt{3} \times I_{KD1}} = \frac{0{,}95 \times 400}{\sqrt{3} \times 1700} = 129{,}05 \text{ m}\Omega$$

$$Z_{L1} = z_1 \times 2 \times l_1 = 0{,}211 \times 2 \times 10 \quad = \quad 4{,}22 \text{ m}\Omega$$

$$Z_{L2.1} = z_{2.1} \times 2 \times l_{2.1} = 0{,}346 \times 2 \times 30 = \underline{20{,}76 \text{ m}\Omega}$$
$$Z_{k1L2.1} = \underline{\underline{154{,}03 \text{ m}\Omega}} \quad \text{(Impedanz am Stromkreisende bei einpoligem Kurzschluß)}$$

1.4 Höchster und niedrigster Kurzschlußstrom im Stromkreis 1 des Hauptverteilers

Die niedrigste Fehlerimpedanz im vorliegenden Beispielfalle ist:

<u>16,98 mΩ</u> (dreipoliger Fehler bei Netzbetrieb)

die höchste Fehlerimpedanz ist:

<u>245,88 mΩ</u> (dreipoliger Fehler bei Aggregatebetrieb)

daraus errechnen sich die Kurzschlußströme zu

$$I_{kF1.1} = \frac{1,0 \times 230\,\text{V}}{16,98\,\text{m}\Omega} = \underline{13,54\,\text{kA}} \quad \text{(höchster Kurzschlußstrom)}$$

$$I_{kL2.1} = \frac{0,95 \times 230\,\text{V}}{245,88\,\text{m}\Omega} = \underline{889\,\text{A}} \quad \text{(niedrigster Kurzschlußstrom)}$$

2. Ermittlung des höchsten und niedrigsten Kurzschlußstromes bei einem Fehler im Stromkreis 1 des UV 1

Der Stromkreis 1 ist ein Einphasenkreis, es ist daher nur der einpolige Kurzschlußstrom zu betrachten.

2.1 Impedanz bei Netzbetrieb und einpoligem Fehler am Leitungsschutzschalter Q1.1 (niedrigste Impedanz)

$Z_{k1} = Z_Q + Z_T + Z_{L0} + Z_{L2.1} + Z_{L3.1}$

Z_Q = siehe Rechnung 1.1 = 0,63 mΩ

Z_T = siehe Rechnung 1.1 = 15,24 mΩ

$Z_{L0} = z_0 \times 2 \times l_0 = 0,111 \times 2 \times 10 =$ 2,22 mΩ

$Z_{L2.1} = z_{2.1} \times 2 \times l_{2.1} = 0,346 \times 2 \times 30 =$ 20,76 mΩ

$Z_{L3.1} = z_{3.1} \times 2 \times l_{3.1} = 1,418 \times 2 \times 50 =$ 141,80 mΩ

$Z_{k1Q1.1} = \underline{180,65\,\text{m}\Omega}$ (Impedanz am Stromkreisanfang)

2.2 Impedanz bei Ersatzstromquellenbetrieb und einpoligem Fehler am Ende der Leitung L4.1

$Z_{k1} = Z_G + Z_{L1} + Z_{L2.1} + Z_{L3.1} + Z_{L4.1}$

$Z_{k1L2.1}$ siehe Rechnung 1.3 $= 154{,}03 \text{ m}\Omega$

$Z_{L3.1}$ siehe Rechnung 2.1 $= 141{,}80 \text{ m}\Omega$

$Z_{L4.1} = z_{4.1} \times 2 \times l_{4.1} = 15{,}05 \times 2 \times 80 = 2408 \text{ m}\Omega$
$Z_{k1L4.1} = \underline{2703{,}83 \text{ m}\Omega}$ (Impedanz am Stromkreisende)

2.3 Höchster und niedrigster Kurzschlußstrom im Stromkreis 1 des UV 1

Niedrigste Impedanz ist: 180,65 mΩ
Höchste Impedanz ist: 2703,83 mΩ

Daraus errechnen sich die Kurzschlußströme zu:
<u>1,274 kA</u> (höchster Kurzschlußstrom)
<u> 81 A </u> (niedrigster Kurzschlußstrom)

3. Ermittlung des höchsten und niedrigsten Kurzschlußstromes bei einem Fehler im Stromkreis 5 des UV 1

Der Stromkreis L4.5 ist ein Dreiphasenkreis mit Schutzleiter, es muß daher auch der einpolige Kurzschluß bei Ersatzstromquellentrieb betrachtet werden.

3.1 Impedanz bei Netzbetrieb und dreipoligem Fehler am Leitungsschutzschalter Q1.5 (niedrigste Impedanz)

$Z_{k3} = Z_Q + Z_T + Z_{L0} + Z_{L2.1} + Z_{L3.1}$

$Z_{k3L0} =$ siehe Rechnung 1.1 $= 16{,}98 \text{ m}\Omega$

$Z_{L2.1} =$ siehe Rechnung 1.2 $= 10{,}38 \text{ m}\Omega$

$Z_{L3.1} = z_{3.1} \times l_{3.1} = 1{,}418 \times 50 = \underline{70{,}90 \text{ m}\Omega}$
$Z_{k3Q1.5} = \underline{98{,}26 \text{ m}\Omega}$ (Impedanz am Stromkreisanfang)

3.2 Impedanz bei Ersatzstromquellentrieb und dreipoligem Fehler am Ende der Leitung L4.5 (höchste Impedanz)

$Z_{k3} = Z_G + Z_{L1} + Z_{L2.1} + Z_{L3.1} + Z_{L4.5}$

$Z_{kL2.1}$ = siehe Rechnung 1.2 = 245,88 mΩ

$Z_{L3.1}$ = siehe Rechnung 3.1 = 70,90 mΩ

$Z_{L4.5} = z_{4.5} \times l_{4.5} = 9,051 \times 30 = 271,53$ mΩ
$\underline{Z_{k3L4.5} = 588,31\text{ mΩ}}$ (Impedanz am Stromkreisende)

3.3 Impedanz bei Ersatzstromquellentrieb und einpoligem Fehler am Ende der Leitung L4.5 (höchste Impedanz)

$Z_{k1} = Z_G + Z_{L1} + Z_{L2.1} + Z_{L3.1} + Z_{L4.5}$

$Z_{k1L2.1}$ = siehe Rechnung 1.3 = 154,03 mΩ

$Z_{L3.1}$ = siehe Rechnung 2.1 = 141,80 mΩ

$Z_{L4.5} = z_{4.5} \times 2 \times l_{4.5} = 9,051 \times 2 \times 30 = 543,06$ mΩ
$\underline{Z_{k1L4.5} = 838,89\text{ mΩ}}$ (Impedanz am Stromkreisende)

3.4 Höchster und niedrigster Kurzschlußstrom im Stromkreis 5 des UV 1

Niedrigste Impedanz ist: 98,26 mΩ
Höchste Impedanz ist: 838,89 mΩ

Daraus errechnen sich die Kurzschlußströme zu:
<u>2,34 kA</u> (höchster Kurzschlußstrom)
<u>260 A</u> (niedrigster Kurzschlußstrom)

Festlegung der Bedingungen für die selbsttätige und selektive Abschaltung
Im **zweiten** Schritt ist durch Vergleich der Kurzschlußströme mit den Auslöseströmen der vorgesehenen Überstrom-Schutzeinrichtungen die zeitgerechte Abschaltung im Fehlerfalle festzustellen und es sind die Selektivitätsanforderungen festzulegen. Sinnvoll ist es, mit dieser Betrachtung nicht an der Netzeinspeisung bzw. bei der Ersatzstromquelle sondern, bei den Endstromkreisen zu beginnen.

Stromkreis 1 des UV 1
vorgesehene Überstromschutzeinrichtung:
LS-Schalter 10 A/B
höchster Kurzschlußstrom an der Einbaustelle: $I_{kh} = 1274$ A (nach 2.3)
niedrigster Kurzschlußstrom: $I_{kn} = 81$ A

Laut Diagramm Bild 1–8 erfolgt mit 81 A die Auslösung des LS-Schalters in weniger als 20 ms, d. h. in ausreichender Zeit.
Nach Tabelle 1–2 ist, um Selektivität zu erreichen, mindestens eine Vorsicherung von 32 A erforderlich.

Stromkreis 5 des UV 1
Vorgesehene Überstromschutzeinrichtung:
LS-Schalter 10 A/C
höchster Kurzschlußstrom an der Einbaustelle: $I_{kh} = 2340$ A (nach 3.4)
niedrigster Kurzschlußstrom: $I_{kn} = 260$ A
Laut Diagramm Bild 1–8 erfolgt mit 260 A die Auslösung des LS-Schalters in etwa 10 ms, d. h. in ausreichender Zeit.
Um Selektivität zu erreichen, ist vor dem 10 A/C Leitungsschutzschalter eine Vorsicherung von mindestens 50 A Diazed oder 63 A NH bzw. Neozed (siehe Tabelle 1–2) erforderlich.
Wenn die anderen Stromkreise des UV 1 mit den beiden untersuchten vergleichbar sind, sind weitere Berechnungen nicht erforderlich.

Gewählt werden als Vorsicherung für den Unterverteiler UV 1 (d. h. Abgangssicherung F2.1 im Zwischenverteiler ZV) 63 A NH-Leitungsschutzsicherungen. Hiermit sind für alle Stromkreise des UV 1 die Abschalt- und Selektivitätsbedingungen erfüllt.

Stromkreis 1 des Hauptverteilers HV
Aus der Absicherung des Stromkreises 1 im Zwischenverteiler (F2.1) mit 63 A ergibt sich für die Vorsicherung F1.1 im Hauptverteiler HV eine Sicherungsgröße von mindestens

$63 \text{A} \times 1{,}6 = 100 \text{A}$

Wenn die anderen Abgänge im Zwischenverteiler ZV keine höheren Überstromschutzeinrichtungen benötigen und generell Leitungsschutzsicherungen verwendet werden, werden für F1.1
    NH-Leitungsschutzsicherungen: 100 A gL
gewählt.
Höchster Kurzschlußstrom an der Einbaustelle: $I_{kh} = 13{,}54$ kA (nach 1.4)
niedrigster Kurzschlußstrom: $I_{kn} = 889$ A
Nach der Zeit/Strom-Kennlinie der 100 A Sicherung (Diagramm, Bild 1–9) erfolgt bei 889 A die Auslösung frühestens in 100 ms (untere Grenzwertkurve) und spätestens in 800 ms (obere Grenzwertkurve). Hiermit ist die Abschaltbedingung erfüllt. Selektivität zwischen F2.1 und F1.1 ist durch das Einhalten des Verhältnisses 1 : 1,6 sichergestellt.

Generatorschalterauslösung
Zu den Schutzaufgaben, die durch den Generatorschalter zu erfüllen sind, gehört das Trennen der Ersatzstromquelle vom Verteilungsnetz bei inneren Fehlern –

z. B. Wicklungsschluß in der Ersatzstromquelle – oder bei äußeren Fehlern – z. B. Überlast oder Kurzschluß im Verteilungsnetz. Hierbei sind die Grenzwerte der zulässigen Belastbarkeit des Generators zu beachten.
Hier gilt folgendes:
  Generatoren müssen eine Überlast von
    10% eine Stunde und von
    50% 2 min
  aushalten können.
  Der Dauerkurzschlußstrom I_{KD} soll zum thermischen Schutz des Generators spätestens nach 5 s
  abgeschaltet werden.
Dies bedeutet besonders für den Kurzschlußfall eine schnelle Abschaltung bzw. Trennung des Netzes von der Ersatzstromquelle. Allerdings muß diese schnelle Abschaltung im Einklang stehen mit den Anforderungen nach selektiver Auslösung der Schutzeinrichtungen insgesamt.
In der Praxis muß in der Regel davon ausgegangen werden, daß sich zwischen dem Generatorschalter und der nächstfolgenden Überstrom-Schutzeinrichtung nur eine kurze Leitungsstrecke mit entsprechend niedrigem Widerstand (Dämpfung) befindet.
Im Fall eines Fehlers direkt hinter der zweiten Schutzeinrichtung fließt daher annähernd der gleiche Kurzschlußstrom durch beide Schutzeinrichtungen, wie im Fall eines Kurzschlusses direkt hinter dem Generatorschalter. Das aufeinander Abstimmen der Auslöser der beiden Schutzeinrichtungen kann hier besonders schwierig werden.
Ein direkter Vergleich der Auslöse-Kennlinien der Schutzgeräte ist daher hier unumgänglich.
Die erforderliche Überprüfung soll am gewählten Beispiel erläutert werden.
Hiernach ist von folgenden Voraussetzungen auszugehen:
  Dauerkurzschlußstrom der Ersatzstromquelle
    $I_{KD3} = $ 940 A   (Herstellerangabe)
    $I_{KD1} = $ 1700 A (Herstellerangabe)
  Größte erforderliche Überstromschutzeinrichtung im Hauptverteiler HV
    100 A gL   Leitungsschutzsicherung.
Als Generatorschalter ist ein Leistungsschalter mit thermischem Auslöser (Überlastschutz) und magnetischem Auslöser (Kurzschlußschutz) vorgesehen.

Der für die bisherige Selektivitätsbetrachtung höchste Kurzschlußstrom wurde mit Rechnung unter 1.4 mit

$I_{KF1.1} = 13{,}54\,\text{kA}$

ermittelt. Dieser hohe Strom gilt jedoch bei Netzbetrieb.
Für die Abstimmung: Generatorschalter zu nachfolgender Sicherung muß aber der Ersatzstromquellenbetrieb betrachtet werden.

Aus den Rechnungen 1.2 und 1.3 ergeben sich bei Wegfall der Leitungsstrecke L2.1 die Impedanz-Werte für den Fehler am Anfang des Stromkreises F1.1 zu

$Z_{k3} = 235{,}50\,\text{m}\Omega$ bzw. $Z_{k1} = 133{,}27\,\text{m}\Omega$

und die zu erwartenden Dauerkurzschlußströme bei Ersatzstromquellenbetrieb zu

$I_{KD3} = 928\,\text{A}$ bzw. $I_{KD1} = 1640\,\text{A}$.

Durch Vergleich der Zeit/Strom-Kennlinien der Leitungsschutzsicherung 100 A nach DIN VDE 0636 mit der Auslösekennlinie des vorgesehenen Generatorschalters ist die Erfüllung der Selektivitätsanforderungen bei den zu erwartenden Kurzschlußströmen zu überprüfen (Bild 1–10).
Für die Selektivitätsbetrachtung ist die **obere** Grenzwertkurve nach DIN VDE 0636 der 100 A gL-Leitungsschutzsicherung zugrunde gelegt. Von dieser »ungünstigen« Zeit/Strom-Kennlinie der Sicherungen sollte ausgegangen werden,

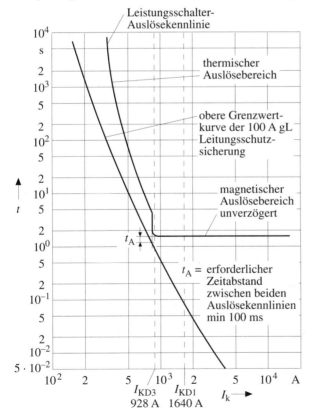

Bild 1–15. Anordnung von Leitungsschutzsicherungen hinter einem Leistungsschalter mit unverzögertem magnetischen Auslöser (Erreichung von Strom-Selektivität)

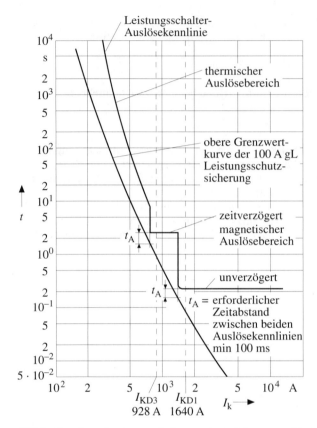

Bild 1–16. Anordnung von Leitungsschutzsicherungen hinter einem Leistungsschalter mit zusätzlichem, zeitverzögertem magnetischen Auslöser (Erreichung von Zeit-Selektivität)

da wegen des erforderlichen Wechsels im Fehlerfall ein festes Fabrikat oder ein Typ mit eindeutiger Kennlinie für die Sicherungen nicht sichergestellt werden kann.
Wie in den Erläuterungen zu Abschnitt 6.5.2.2 ausgeführt, ist zwischen Leistungsschalter und nachgeschalteten Leitungsschutzsicherungen dann Selektivität gegeben, wenn im Kurzschlußbereich ein Zeitabstand von mindestens 100 ms zwischen den Auslösekennlinien der beiden Schutzeinrichtungen gegeben ist.
Diese Anforderung kann in der Praxis über zwei Wege erfüllt werden:
1. Es wird ein Leistungsschalter mit einer Auslösekennlinie gewählt, mit der über den relevanten Fehlerstrombereich ein Zeitabstand t_A von mindestens 100 ms erreicht wird (Stromselektivität).
   Siehe hierzu **Bild 1–15**.

2. Ist Stromselektivität nicht erreichbar, so kann, wenn dies die Bauart des Leistungsschalters erlaubt, durch die Verwendung eines zusätzlichen Zeitgliedes (unter Umständen sogar einstellbar) die Auslösung des Schalters so verzögert werden, daß in einem entsprechenden Fehlerfall die Sicherung mit Zeitvorsprung den Fehler abschaltet und der Leistungsschalter nicht auslöst (Zeitselektivität).
Siehe hierzu **Bild 1–16**.

Zu 6.7.12 [Absicherung bei Gleichstrom]

Ein zweipoliger Schutz durch Überstromschutzeinrichtungen ist bei Gleichstrom immer dann notwendig, wenn ein ungeerdeter Betrieb der Ersatzstromquelle und des Verteilungsnetzes vorliegt (z. B. IT-System). Beim TN-System genügt die Absicherung der ungeerdeten Leiter.

Zu 6.7.13 [Schutz der Endstromkreise]

Durch diese, auch schon in der Vorgängernorm enthaltene Anforderung soll sichergestellt werden, daß Sicherheitsbeleuchtungs-Stromkreise nicht überlastet und dadurch abgeschaltet werden.
Diese Überlastung könnte entstehen durch elektrische Überlast im Stromkreis oder durch hohe Umgebungstemperaturen, z. B. im Brandfall.
Für eine Leitung mit einem nach Abschnitt 6.7.9 erforderlichen Mindestquerschnitt von 1,5 mm^2 Cu bedeutet der maximale Betriebsstrom von 6 A eine Auslastung von < 60%.

Zu 6.7.14 [Schalter in Endstromkreisen]

Generell gilt, daß dezentrale Schalter in Endstromkreisen der Sicherheitsbeleuchtung nicht zulässig sind. Hierdurch soll verhindert werden, daß – bewußt oder unbewußt – ein Außerbetriebsetzen von notwendigen Sicherheitseinrichtungen erfolgt.
Unter den im Normenabschnitt 6.2.1.6 angegebenen Raum- und Nutzungsbedingungen sah jedoch das Komitee die Möglichkeit, bei Sicherheitsbeleuchtung in Dauerschaltung ein Schalten vor Ort mit der allgemeinen Beleuchtung dieser Räume oder Bereiche zuzulassen.

Zu 6.7.16 [Aufteilung der Sicherheitsbeleuchtung]

Durch diese Aufteilung soll sichergestellt werden, daß elektrische Fehler oder Fehler durch äußere Einwirkungen (mechanische Schäden) in einem Stromkreis nicht zu einem totalen Ausfall der Sicherheitsbeleuchtung eines Raumes oder Bereiches führen.

Zu 6.8 Verbraucher und Wechselrichter der Sicherheitsstromversorgung

Die Bestimmungen für Verbraucher und Wechselrichter wurden aus den Einzelabschnitten der bisherigen Sicherheitsbeleuchtung herausgelöst und in diesem Abschnitt zusammengefaßt.

Zu 6.8.1 Leuchten

Leuchten für Sicherheitsbeleuchtung sind in der Zwischenzeit durch die europäische Norm EN 60598-2-22/DIN VDE 0711 Teil 222 »Leuchten für Notbeleuchtung« bestimmt.

Zu 6.8.2 Einzel- und Gruppenwechselrichter, elektronische Vorschaltgeräte

Dem Stand der Technik entsprechend wurden diese Geräte neu aufgenommen. Der Hinweis auf die Bauvorschriften soll bewirken, daß nur normgerechte Geräte eingebaut werden.
Die in der Bestimmung genannten Norm-Entwürfe werden in absehbarer Zeit in europäische Normen überführt.

Zu 6.8.3 Zentrale Wechselrichter

Der früher bestehende Zwang, zwei parallele Wechselrichter zu betreiben, ist entfallen.
Um die Verwendung von zuverlässigen Geräten zu gewährleisten, wurden detaillierte Gerätenormen vorgeschrieben und bei der Auslegung der Bauelemente erhöhte Anforderungen gestellt.
Um sicherzustellen, daß der Wechselrichter im Anforderungsfall nicht defekt ist, ist Dauerbetrieb oder Mitlaufbetrieb vorgeschrieben (»ein nicht betriebenes Gerät ist defekt«).

Zu 7 Pläne und Betriebsanleitungen

Wichtige Voraussetzung für eine reibungslose und sichere Betriebsführung, insbesondere der Sicherheitsstromversorgung, und eine schnelle Fehlersuche und -beseitigung, ist das Vorhandensein von aktuellen Plänen der elektrischen Anlage und Betriebs- und Wartungsanleitungen über Geräte und Einrichtungen. Bei den in den Abschnitten 7.1 bis 7.5 aufgezählten Unterlagen handelt es sich um Mindestanforderungen.
Entscheidend ist, daß diese technischen Unterlagen den wirklichen Stand der installierten elektrischen Anlage zeigen, und zwar hinsichtlich der technischen Gerätedaten, der Leistungswerte und der Örtlichkeit der installierten Betriebsmittel. Diesen aktuellen Stand zu behalten bedeutet über die Ersterrichtung hinaus,

daß auch Änderungen und Ergänzungen nachzutragen sind. Hier ist daher neben dem Errichter auch der Betreiber gefordert.

Darüber hinaus obliegt dem Betreiber die Pflicht, für ein Vorhalten dieser Unterlagen am jeweils vorbezeichneten Verwendungsort Sorge zu tragen.

Zu 7.4 Verbraucherlisten

Dies ist eine neue Forderung, die sich insbesondere aus der Tatsache ergeben hat, daß bei der Zuschaltung zusätzlicher Verbraucher auf eine bestehende Ersatzstromquelle eine Leistungsbilanzierung oft unterbleibt und somit eine Gefährdung für den sicheren Betrieb der notwendigen Sicherheitseinrichtungen insgesamt entstehen kann. Darüber hinaus ist eine solche Leistungsbilanz auch im Zusammenhang mit einer eventuell erforderlichen Zuschaltung der Verbraucher der Sicherheitsstromversorgung in zeitlichen Stufen notwendig (siehe hierzu auch Erläuterung zu 6.4.4.1).

Zu 8 Erstprüfungen

Bei den in der Norm geforderten Erstprüfungen handelt es sich um die Prüfung der richtigen Auswahl und Verwendung der elektrischen Betriebsmittel allgemein und der bestimmungsgemäß richtigen Kombination der einzelnen Betriebsmittel zueinander. Hierzu werden für Starkstromanlagen bis 1000 V Anforderungen in DIN VDE 0100 Teil 600 gestellt. Betriebsmittel und Anlagenteile mit Nennspannung über 1 kV, wie z. B. Mittelspannungsschaltanlagen, Transformatoren, werden in aller Regel bereits stück- oder typgeprüft vom Hersteller angeliefert.

Elektrische Anlagen sind nach DIN VDE 0100 Teil 600 jeweils vor der Inbetriebnahme nach der Errichtung, Änderung, Erweiterung oder Instandsetzung zu prüfen
    durch   Besichtigen
    durch   Erproben
    oder   Messen.
Hierbei ist neben der Funktionsfähigkeit der gewählten Schutzmaßnahme auch der allgemeine Anlagenzustand zu prüfen. Durch die Prüfung soll nachgewiesen werden, daß die geltenden Sicherheitsregeln, insbesondere die VDE-Bestimmungen, eingehalten wurden. Der Umfang der durchzuführenden Prüfungen ist in vorgenannter Norm aufgeführt.
In baulichen Anlagen, in denen zusätzlich die Einhaltung der Norm DIN VDE 0108 vorgeschrieben ist (siehe Anwendungsbereich in Abschnitt 1), sind über den Umfang nach DIN VDE 0100 Teil 600 hinaus weitere Prüfungen erforderlich, die in den Abschnitten 8.2.1 bis 8.2.9 vorgegeben sind.
Daneben können vor Inbetriebnahme oder Wiederinbetriebnahme, aber auch in bestimmten Zeitabständen wiederkehrend Prüfungen durch behördlich aner-

kannte Sachverständige notwendig werden, die durch bauordnungsrechtliche Vorschriften verlangt werden. Diese ersetzen nicht die Errichterverpflichtung zur Erstprüfung.

Zu 8.2.1 [Lüftung von Batterieräumen]

Durch die elektrolytische Zersetzung von Wasser beim Ladevorgang entsteht insbesondere gegen Ende der Ladung und bei Überladung in Akkumulatoren ein Gasgemisch von Wasserstoff und Sauerstoff. Bei nicht ausreichender Verdünnung kann es durch eine fremde Zündquelle zur Explosion gebracht werden.
Es sind daher sowohl besondere Vorkehrungen hinsichtlich der Unterbringung und Aufstellung als auch für die Be- und Entlüftung dieser Räume erforderlich.
DIN VDE 0510 Teil 2 enthält in den Abschnitten 7 und 9 hierzu detaillierte Vorgaben, die im Rahmen der Erstprüfung nachzuprüfen sind.
Für Batterieräume werden auch Anforderungen in den EltBauVO der Länder gestellt (siehe hierzu §§ 4 und 7 im Beiblatt 1 der Norm).
Prüfung durch Besichtigen, bei mechanischer Lüftung zusätzlich durch Messen.

Zu 8.2.2 [Lüftung von Aggregateräumen]

Anforderungen an die bauliche Ausführung von Räumen zur Aufstellung von Stromerzeugungsaggregaten werden in den EltBauVO der Länder gestellt (siehe hierzu §§ 4 und 6, im Beiblatt 1 der Norm). Darüber hinaus sind die Herstellerangaben zu beachten.
Prüfung durch Besichtigen.

Zu 8.2.3 [Brandschutzanforderungen]

Hier ist auf die Anforderungen entsprechend Abschnitt 4 zu verweisen.
Zu prüfen sind:
– die brandschutztechnischen Anforderungen an elektrische Betriebsräume nach dem »Muster der Verordnung über den Bau von elektrischen Betriebsräumen (EltBauVO)« (siehe Beiblatt 1) oder der gültigen Landesverordnung
– die brandschutztechnischen Maßnahmen bei der Führung von elektrischen Leitungsanlagen in Rettungswegen
– die brandschutztechnischen Maßnahmen bei der Durchführung von elektrischen Kabel/Leitungen durch Wände und Decken, die feuerbeständig sein sollen
– die Sicherstellung des erforderlichen Funktionserhalts bei Leitungsanlagen für notwendige Sicherheitseinrichtungen.
Detaillierte Vorgaben zu den Leitungsanlagen enthalten das »Muster der Richtlinie über brandschutztechnische Anforderungen an Leitungsanlagen« (siehe Beiblatt 1) oder landesrechtliche Regelungen.
Prüfung durch Besichtigen, gegebenenfalls unter Hinzuziehung notwendiger Nachweise, wie Prüfzeugnisse oder Zulassungen.

Zu 8.2.4, 8.2.5 und 8.2.6 [Nachweis der Verfügbarkeit]

Diese Prüfungen sind anhand der Verbraucherlisten nach Abschnitt 7.4 vorzunehmen. Darüber hinaus ist eine echte Leistungsübernahme aller »notwendigen Sicherheitseinrichtungen« vorzunehmen. Hierbei ist die zeitgerechte Übernahme der Verbraucherleistungen durch die Ersatzstromquelle und die prozentuale Auslastung der Nennleistung der Ersatzstromquelle durch die aufgeschaltete Verbraucherleistung festzustellen. Bei der Notwendigkeit einer Zuschaltung der Verbraucher in zeitlichen Stufen (siehe Erläuterung zu Abschnitt 6.4.4.1) ist durch mehrere Anlauffolgen die ordnungsgemäße Lastübernahme nachzuweisen.
Prüfung durch Besichtigen und Erproben.

Zu 8.2.7 [Nachweis der zulässigen Umschaltzeit]

Durch Netzausfallsimulation ist der selbsttätige Anlauf der Ersatzstromquelle und Lastübernahme bzw. die Umschaltung auf Sicherheitsstromversorgung des Gebäude-HV bei zentraler Versorgung zu überprüfen. Hierbei ist weiter die Funktion der Schalterverriegelungen zu prüfen. Weiter ist die Ein- oder Umschaltung bei Sicherheitsbeleuchtung in Bereitschaftsschaltung oder Dauerschaltung nachzuweisen.
Prüfung durch Erproben.

Zu 8.2.8 [Nachweis der Abschaltbedingungen und Selektivität]

Der Nachweis der selbsttätigen und selektiven Abschaltung im Fehlerfall, wie nach Abschnitt 6.5.2.2 bei Einsatz des TN-C-S-Netzes und nach Abschnitt 6.7.11 allgemein für das Verteilungs- und Verbrauchernetz der Sicherheitsstromversorgung gefordert, ist anhand der erstellten Berechnung der Kurzschlußströme und der vorgelegten Kennlinien der verwandten Schutzeinrichtungen zu überprüfen. (Siehe hierzu Erläuterung zu Abschnitt 6.5.2.2 und 6.7.11.)
Prüfung durch Besichtigen.

Zu 8.2.9 [Nachweis der Beleuchtungsstärke]

Durch Messung ist das Erreichen der Mindestbeleuchtungsstärke der Sicherheitsbeleuchtung, wie in Tabelle 1 der Norm für die einzelnen baulichen Bereiche oder deren Nutzung vorgegeben, nachzuweisen.
In Neuanlagen ist eine mindestens um den Faktor 1,25 höhere Mindestbeleuchtungsstärke (natürliche Verschmutzung, Lampenalterung usw.) erforderlich.
Prüfung durch Messen.

Zu 8.3 [Dokumentation der Prüfungsergebnisse]

Sowohl die Einzelergebnisse der Prüfungen nach DIN VDE 0100 Teil 600 als auch die Ergebnisse der zusätzlichen Prüfungen nach den Abschnitten 8.2.1 bis 8.2.9 der Norm sind in einem detaillierten Prüfbericht zu dokumentieren.
Dieser Prüfbericht ist vom Betreiber aufzubewahren und als vergleichende Unterlage für Wiederholungsprüfungen vorzuhalten.

Zu 9 Instandhaltung

Allgemeine Bestimmungen zum Betrieb von Starkstromanlagen, also auch solcher nach dieser Norm, sind in DIN VDE 0105 festgelegt; sie sind zunächst und grundsätzlich zu beachten. Im Abschnitt 9 der DIN VDE 0108 sind besondere Betriebsbestimmungen aufgeführt, die sich auf das Instandhalten beschränken und zusätzlich auf typische Einrichtungen der Sicherheitsstromversorgungsanlagen und auf von diesen gespeiste elektrische Sicherheitseinrichtungen beziehen.
Die hierbei aufkommenden Verrichtungsbegriffe und deren Gliederung entstammen den Normen DIN 32541 »Betreiben von Maschinen und vergleichbaren technischen Einrichtungen; Begriffe für Tätigkeiten« und DIN 31051 »Instandhaltung; Begriffe und Maßnahmen«. So ist das Instandhalten untergliedert in Warten, Inspizieren und Instandsetzen.

Zu 9.1 Warten

Zu 9.1.1 [Batterien]

Hier wird auf die Wartung der Batterien nach DIN VDE 0510 Teil 2 verwiesen. Nachdem in der DIN VDE 0510 Teil 2 nunmehr Wartungsanforderungen enthalten sind, konnten diese in der DIN VDE 0108 entfallen. Zusätzlich sind die Herstellerangaben zu beachten.

Zu 9.1.2 [Stromerzeugungsaggregate]

Die Forderung nach dem einstündigen Probelauf mit 50% der Nennleistung, der nach Abschnitt 6.4.4.11 auch die Funktionsprüfung aller automatisch ablaufenden Vorgänge der Lastübernahme einschließt, findet sich bereits in der vorangegangenen Norm. Es gibt zu diesem Punkt sehr unterschiedliche Auffassungen. Die frühere Möglichkeit des Probelaufs im Leerlauf wurde wegen Schädigung des Dieselmotors aufgegeben. Heute bestehen Schwierigkeiten in dem Lastbetrieb, deshalb empfiehlt es sich, das Aggregat mit einer Überlappungssynchronisierungs-Einrichtung zu versehen. Mit dieser Einrichtung ist es möglich, unterbrechungslos die Sicherheitsstromversorgung auch im Probebetrieb zu übernehmen und zurückzuschalten. Durch diese technische Lösung kann die Normenanforderung erfüllt werden.

Es ist sogar anzustreben, einen Netzparallelbetrieb außerhalb der Betriebszeit nach Abstimmung mit den EVU vorzunehmen. Hierzu wird jedoch ein höherer Aufwand an der Schutzeinrichtung erforderlich.

Zu 9.2 Inspizieren

Das Inspizieren umfaßt alle Maßnahmen zum Feststellen und Beurteilen des Ist-Zustands und unterteilt sich in die subjektive Zustandsprüfung, z. B. Sichtprüfung, in die Funktionsprüfung, z. B. mit der Feststellung, ob bei Ausfall der allgemeinen Stromversorgung die Sicherheitsstromversorgung in der vorgesehenen Zeit einsetzt, sowie in die technische Prüfung mit dem Feststellen objektiver Ist-Werte mit Meß und Prüfeinrichtungen, z. B. der elektrischen Schutzmaßnahmen oder des Isolationswiderstands. Durch den Index soll verdeutlicht werden, daß das Inspizieren nicht die von bau- oder arbeitsschutzrechtlichen Vorschriften verlangte Prüfung durch Sachverständige ersetzt.

Zu 9.2.1 [Prüfung nach DIN VDE 0105]

Dieser Abschnitt ist eine Forderung der DIN VDE 0105 und hat unabhängig von den vorgeschriebenen Prüfungen durch Sachverständige zu erfolgen.
Der Umfang ergibt sich aus dem Abschnitt 5.3 von DIN VDE 0105 – Wiederkehrende Prüfungen. Hier heißt es:
»Wiederkehrende Prüfungen sollen Mängel aufdecken, die nach der Inbetriebnahme der elektrischen Anlagen und Betriebsmittel sowie nach einer Instandsetzung oder Änderung aufgetreten sein können.
Anmerkung 1: Für die wiederkehrenden Prüfungen wird vorausgesetzt, daß die Anlagen sowie die ortsfesten und ortsveränderlichen Betriebsmittel nach der Errichtung bzw. Herstellung den für sie geltenden VDE-Bestimmungen entsprachen und die dort vorgesehenen Prüfungen vor der ersten Inbetriebnahme durchgeführt wurden.
Anmerkung 2: Prüffristen sind z. B. in Verordnungen nach § 24 der Gewerbeordnung, in den Bauordnungen der Länder, in den Unfallverhütungsvorschriften der Unfallversicherungsträger, in den Zusatzbedingungen der Sachversicherer für Fabriken und gewerbliche Anlagen, in der 2. Durchführungsverordnung zum Energiewirtschaftsgesetz festgelegt.«
Die Fristen richten sich nach der UVV und den Versicherungsbedingungen der Gebäudeversicherung.

Zu 9.2.2 [Kapazitätsprüfung]

Für Batterien ist nach Abschnitt 9.2.2 eine jährliche Kapazitätsprüfung erforderlich. Diese Prüfung hat außerhalb der Betriebszeiten zu erfolgen und muß mit der vollen Verbraucherleistung der zu versorgenden Anlagen erfolgen. Diese Zeiten sind so zu wählen, daß eine Aufladung noch rechtzeitig und vor Beginn der

Betriebszeit erfolgt ist. Hierbei ist die Aufladezeit von 10 Stunden, für Einzelbatterien von 20 Stunden zu beachten. Aus der festgestellten Entladezeit leitet sich eventuell auch die notwendige Instandsetzung nach Abschnitt 9.3.1 ab.

Zu 9.2.3 [Funktionskontrolle]

Unter Abschnitt 9.2.3 wird der Funktion der Sicherheitsstromversorgung aus Batterien eine große Bedeutung zugemessen. Deshalb ist auch die personalintensive, betriebstägliche Inspektion der Sicherheitsstromversorgung durch Betätigen des Tastschalters an der Schalttafel und der Kontrolle der Batteriespannung gefordert. Erstmalig darf diese tägliche Kontrolle durch eine automatische Prüfeinrichtung ersetzt werden. Die Anforderungen sind unter Abschnitt 6.4.3.10 beschrieben. In diesem Fall braucht nur noch einmal jährlich eine Überprüfung der Geräte zu erfolgen.

Zu 9.2.4 [Prüfung von Einzelbatterien]

Unter Abschnitt 9.2.4 ist durch einen Schreibfehler ein Widerspruch zu 9.2.3 entstanden.
Dieser Abschnitt bezieht sich nur auf die Funktion von Einzelbatterien. Gemeint war: »Die Funktion der Sicherheitsbeleuchtung ist bei Einzelbatterien wöchentlich zu prüfen.«

Zu 9.3 Instandsetzen

Zu 9.3.1 [Batterieerneuerung]

Der Austausch von Batterien gilt dann für erforderlich, wenn 2/3 der Nennbetriebsdauer unterschritten wird, d. h., eine Batterie mit einer Nennbetriebsdauer von drei Stunden muß dann, wenn aus ihr die volle Versorgung der angeschlossenen notwendigen Sicherheitseinrichtungen für mindestens zwei Stunden nicht mehr sichergestellt ist, ausgewechselt werden.

Zu 9.3.2 [Funktionsfähigkeit der Leuchten]

Der Abschnitt 9.3.2 weist auf die jederzeitige Funktionsfähigkeit der Leuchten hin und verlangt den Austausch defekter Lampen. In der Praxis führt diese Forderung bei Sicherheitsleuchten in Bereitschaftsschaltung zu Problemen, weil deren Defekt nicht erkennbar ist. In solchen Anlagen sollte, z. B. wöchentlich, längstens jedoch einmal im Monat, eine regelmäßige Kontrolle erfolgen. Bei Anlagen in Dauerschaltung wird der Ausfall von Leuchtmitteln in der Regel sofort auffallen, weil diese Leuchten auch gleichzeitig der Raumbeleuchtung dienen. Unabhängig von dieser Tatsache entfällt nicht die Verpflichtung zur Prüfung.

2 Erläuterungen zu DIN VDE 0108 Teil 2 Versammlungsstätten

Zu 2 Begriffe

Zusätzlich zu den allgemeinen Begriffen nach DIN VDE 0108 Teil 1, Abschnitt 2.1, werden spezielle Begriffe für Versammlungsstätten aus dem Muster der Versammlungsstättenverordnung und DIN 56920 – Theatertechnik – aufgeführt.

Zu 2.11 [Sonderbeleuchtung]

Nach DIN 56920 ist für betriebsmäßig verdunkelte Räume in Versammlungsstätten eine Sonderbeleuchtung als Teil der allgemeinen Beleuchtung erforderlich.
Sie muß unabhängig von der allgemeinen Beleuchtung des Raumes geschaltet werden können.

Zu 5 Allgemeine Stromversorgung

Zu 5.2 Betriebsmittel mit Nennspannung bis 1000 V

In diesem Abschnitt sind über DIN VDE 0108 Teil 1 hinausgehende Zusatzbestimmungen aufgeführt worden.
In Versammlungsstätten ist für die normalerweise ortsunkundigen Personen in betriebsmäßig verdunkelten Räumen, durch erhöhte Brandlast im Bühnen-, Werkstatt- und Garderobenbereich und wechselnden Installationsaufbau durch den Spielbetrieb, von einem erhöhten Risiko auszugehen. Wegen dieser speziellen Betriebsgegebenheiten sind daher zusätzliche Anforderungen an den Aufbau der elektrischen Anlage erforderlich. Dies bedeutet erhöhte Anforderungen an die Errichtung und an den Betrieb der elektrischen Anlage der allgemeinen Stromversorgung.

Zu 5.2.2 [Elektrische Betriebsstätten für Licht- und Tonanlagen]

Die Räume für Lichtstellwarte, die Schalt- oder Dimmerräume sowie alle zur Tonregie gehörenden Betriebsräume sind als elektrische Betriebsstätten gemäß DIN VDE 0100 Teil 731 auszuführen. Die Räume dürfen nur von unterwiesenen Personen betreten werden.
Bedienungsfehler an den Steuerpulten führen, z. B. bei gezogenen Scheinwerfern, die nicht abgerichtet sind, zu einer erhöhten Brandgefährdung durch Stoffaushänge und Dekorationen.

Fernwirkende Schaltstellen sollten aus betrieblichen Sicherheitsgründen dem Zugriff Unbefugter entzogen sein.

Zu 5.2.3 [Leistungsteile von Lichtstellanlagen]

In allen Versammlungsstätten ist für die Leistungsteile von Lichtstellanlagen ein besonderer Raum vorzusehen. Die Decken und Wände müssen aus mindestens feuerbeständigen Baustoffen bestehen. Die Türen müssen mindestens feuerhemmend sein.
Dies sollte auch vorgesehen werden für ähnlich genutzte Räume, die nicht der Versammlungsstättenverordnung unterliegen und für Versammlungsstätten, die nur vorübergehend entsprechend betrieben werden.

Zu 5.2.4 [Potentialausgleich für Bühneneinrichtungen]

Diese Forderung muß erfüllt werden, wenn Teile von Bühneneinrichtungen und Szenenflächen als Tragekonstruktion für elektrische Betriebs- und Verbrauchsmittel genutzt werden und im Fehlerfall (Körperschluß usw.) die Gefahr einer Spannungsverschleppung an diesen Teilen besteht.

Zu 5.2.5 Verteiler

Zu 5.2.5.1 [Aufstellung von Betriebsmitteln, die Wärme entwickeln]
Betriebsbedingte Wärmeentwicklung von elektrischen Betriebsmitteln darf nicht zu einer Gefahr für den Betrieb der Anlagenteile selbst oder bei gefährlicher Überhitzung zu einer Brandgefahr werden.
Durch die Bauart der Geräte und ihrer Umkleidung, die Aufstellung, natürliche und, wenn erforderlich, künstliche Belüftung ist hierauf besonders Rücksicht zu nehmen.
Im Umgebungsbereich dieser Geräte sollen brennbare Stoffe entweder ganz vermieden werden oder es ist durch Maßnahmen wie Abstand oder Wärmeisolation Vorsorge zu treffen.

Zu 5.2.5.2 [Schaltung der Stromversorgung für Gebäudebereiche]
Die Auftrennung in die aufgeführten Gebäudebereiche soll ein Spannungsfreischalten im Gefahrenfall (Brand usw.) ermöglichen. Als Hauptschalter sind Lastschalter nach DIN VDE 0660 Teil 107 erforderlich, die auch von Laien bedient werden können. Hauptschalter, über die notwendige Sicherheitseinrichtungen abgeschaltet werden können, müssen besonders gekennzeichnet werden.

Zu 5.2.5.3 [Leitungsschutzschalter]
Leitungsschutzschalter mit unverzögerter Auslösung beim 5- bis 10fachen Nennstrom sind in DIN VDE 0641 Teil 11 mit Auslösecharakteristik C enthalten.

Zu 5.2.5.5 [Bereichsschalter]
Bereichsschalter werden für besonders gefährdete und nicht ständig genutzte Betriebsbereiche gefordert. In diesen Räumen besteht eine besondere Gefährdung durch die unter Umständen unkontrollierte Nutzung von elektrischen Verbrauchsgeräten und die Lagerung von brennbaren Materialien und Stoffen. Die vom Bereichsschalter nicht abzuschaltenden Verbraucherstromkreise sind vom Nutzer festzulegen.

Zu 5.2.5.6 [Vorübergehende Einbauten]
Bei vorübergehenden Einbauten in Versammlungsstätten mit abgeschlossenen Anlagenteilen ist zur Vermeidung einer möglichen Gefährdung (Fehlerspannung, gefährliche Erwärmung von Verbrauchsgeräten) eine Abschaltung durch einen Lastschalter pro Stand oder einen gemeinsamen Lastschalter für mehrere Einbauten erforderlich. Beim Anschluß eines Standes über Schutzkontaktsteckvorrichtung nach DIN 49440 und DIN 49442 darf diese bis 16 A Betriebsstrom als Trennvorrichtung genutzt werden. Auf eine eindeutige räumliche Zuordnung von Trennvorrichtung und betroffenen Stand ist zu achten.

Zu 5.2.6 Kabel und Leitungsanlage

Zu 5.2.6.1 [Verlegung von Kabel und Leitungsanlagen im Bühnenhaus]
Die Kabel- und Leitungsanlagen im Bühnenhaus unterliegen betriebsbedingt besonderen mechanischen Beanspruchungen. Die ständigen Veränderungen durch Wechsel von Dekorationen und Einbauten erfordern eine ausreichende Überwachung der Anlagen. Dies kann nur durch auf Putzverlegung der Kabel- und Leitungsanlagen gewährleistet werden. Welcher zusätzliche mechanische Schutz für diese Kabel- und Leitungsführung vorzusehen ist, richtet sich nach dem Grad der Gefährdung im Bühnenbetrieb und ist vom Nutzer vorzugeben.

Zu 5.2.6.2 [Zusammenfassung von Stromkreisen]
Die nach DIN VDE 0100 Teil 520, Abschnitt 6, zulässige Zusammenfassung mehrerer Stromkreise in einem Kabel oder in einer Leitung ist im Bühnenhaus nur bei Kabeln und nur unter den in Abschnitt 5.2.6.2 a) bis e) aufgeführten besonderen Bedingungen zulässig.
Diese Bedingungen gelten nicht bei vieladrigen Steuerkabeln.

Zu 5.2.6.4 und 5.2.6.5 [Leitungsbauarten im Bühnenbereich]
Für die Verwendung von nicht festverlegten Leitungen, flexiblen Leitungen, gilt grundsätzlich DIN VDE 0298 Teil 3, Abschnitt 9.3.
Für den Bühnenversatz im Bühnenbereich und auf Szenenflächen sind aus mechanischen Gründen mindestens die Leitungsbauarten 07RN nach DIN VDE 0282 Teil 810 zu verwenden. Gleichwertige Bauarten sind zulässig, wenn sie mindestens die gleichen elektrischen und mechanischen Eigenschaften haben und hinsichtlich des Brandverhaltens mindestens die Anforderungen der nach Abschnitt 5.2.6.4 zulässigen Leitungsbauarten erfüllen.

Zu 5.2.6.6 [Aufstellung von Leitungsmasten]
Sowohl für Maste und ihre Gründung als auch für an Maste herangeführte unisolierte Leitungen (Freileitungen) und isolierte Leitungen und Kabel und ihre Befestigungsarmaturen sind neben den eigenen Lasten auch die umgebungsbedingten Beanspruchungen (Wind-, Schnee- und Eislast) zu berücksichtigen.
In den Normen DIN VDE 0210 und DIN VDE 0211 werden hierzu Angaben gemacht bzw. Berechnungsmethoden angegeben.
Bei Masten, die bestiegen werden müssen (z. B. für Wartungsarbeiten) oder leicht bestiegen werden können (z. B. durch Zuschauer), sind an diesen hochgeführte Kabel und Leitungen gegen mechanische Beschädigung auf der ganzen Länge zu schützen. An Masten, die nicht bestiegen werden müssen bzw. bestiegen werden können, ist ein besonderer Schutz für hochgeführte Kabel/Leitungen nur bis zu einer Höhe von 2,5 m über Geländeoberfläche erforderlich.

Zu 5.2.7 Verbraucheranlage

Zu 5.2.7.2 [Lastschalter für Vorführgeräte]
Die Vorführgeräte müssen über einen in der Nähe der Geräte angebrachten Lastschalter mit Schaltstellungskennzeichnung spannungsfrei geschaltet werden können. Bei zusätzlicher Fernsteuerung muß dieser Schalter dennoch am Bedienplatz des Vorführgerätes vorhanden sein.
Grund: Schutz des Bedien- bzw. Wartungspersonals bei Servicearbeiten.

Zu 5.2.7.3 bis 5.2.7.5 [Steckvorrichtungen auf Bühnen]
Die nach Abschnitt 5.2.7.3 vorgegebenen Steckvorrichtungen für Bühnen und Szenenflächen sind durch Formgebung und Material auf die besonderen Beanspruchungen des Bühnenbetriebes ausgerichtet. Sie müssen aus schlagfestem Material bestehen und für die an Beleuchtungsgeräten auftretenden Temperaturen geeignet sein.
Die Begrenzung auf zwei Typen von Steckvorrichtungen für den Anschluß von Scheinwerfern mit 230 V Nennspannung soll bei Gastspielen und reinen Gastspielhäusern den Anschluß von Geräten ohne Adapter ermöglichen.
Wegen der besonderen Bauart der Bühnensteckvorrichtungen nach DIN 56906 ist auf eine eindeutige Zuordnung von Außenleiter und Neutralleiter bei Übergängen zu Steckvorrichtungen nach DIN 49440 und DIN 49442 (Schutzkontaktsteckdosen) besonders zu achten.

Zu 5.2.7.8 [Fehlerstromschutzschalter]
Neben den Stromkreisen für Leuchten wird empfohlen, auch andere, wie z. B. Steckdosen und Geräte im Handbereich zum Schutz gegen gefährliche Berührungsspannungen und zur Reduzierung der Brandgefahr im Fehlerfalle, über Fehlerstromschutzeinrichtungen mit $I_{\Delta N} \leq 30$ mA zu schützen.

Zu 5.2.7.10 [Bühnenleuchten]
Hier ist der Schutz gegen mechanische Beschädigungen gemeint.
Diese Anforderung gilt nur für Bühnenleuchten nach DIN 56920 Teil 4.

Zu 5.2.8 Sonderbeleuchtung

Um in betriebsmäßig verdunkelten Räumen bei unvorhersehbaren Ereignissen (z. B. bei Notfällen) eine schnelle Hilfe sicherzustellen, ist eine durch das Aufsichtspersonal zu betätigende unabhängige Beleuchtung vorzusehen.

Zu 6 Sicherheitsstromversorgung

Zu 6.2 Schaltung der Sicherheitsbeleuchtung

Die Sicherheitsbeleuchtung aller Rettungswege in Versammlungsstätten muß, soweit diese nicht durch Tageslicht ausreichend erhellt sind, in Betrieb, d. h. wirksam sein. Die Einschaltung erfolgt für das Bühnenhaus bei Arbeitsbeginn und für das Zuschauerhaus bei Einlaß der Besucher.
Die Sicherheitsbeleuchtung in Dauerschaltung ist ebenfalls erforderlich für alle Hinweise auf Rettungswege und zur Kenntlichmachung von Türen, Gängen und Stufen in Räumen, die betriebsmäßig verdunkelt werden, sowie auf Bühnen, Bühnenerweiterungen und Szenenflächen.
Die Betätigung der Sicherheitsbeleuchtung mit der allgemeinen Beleuchtung des Raumes ist in Versammlungsstätten nicht erlaubt.
Dies ist notwendig, da sich in Versammlungsstätten ortsunkundige Personen nicht nur im Zuschauerhaus, sondern auch in den Bereichen aufhalten können, die betriebsmäßig verdunkelt werden. Probenbühnen, Aufenthaltsräume, Garderoben, Werkstätten und nicht zentral geschaltete Betriebsgänge und Treppenhäuser gehören zu den Bereichen, die in Dauerschaltung auszuführen sind.

Zu 6.3 Mindestbeleuchtungsstärke

Zu 6.3.1 [Berücksichtigung von Einbauten]

Die Beleuchtungsstärke der Sicherheitsbeleuchtung auf Bühnen und Szenenflächen kann durch die Einbauten von Dekorationen und Bühneneinrichtungen beeinflußt werden. Sie muß so ausgeführt sein, daß auch im ungünstigsten Fall ihre Wirksamkeit erhalten bleibt. Im Einzelfall können zusätzliche Sicherheitsleuchten erforderlich werden.
Für die Mindestbeleuchtungsstärke gilt Tabelle 1 in DIN VDE 0108 Teil 1.

Zu 6.3.2 [Bereitschaftsschaltung]

In den Zuschauerräumen von Theatern und Lichtspielhäusern bis maximal 200 Plätzen kann bei bestimmten baulichen Gegebenheiten auf die Sicherheitsbeleuchtung in Bereitschaftsschaltung verzichtet werden.
Die Dauerschaltung zur Kenntlichmachung von Türen, Gängen und Stufen ist jedoch erforderlich.

Zu 6.4 [Verteiler]

Diese Aufteilung in mindestens 2 Versorgungsbereiche entspricht den betrieblichen Abläufen in Versammlungsstätten mit Bühnen und den Hauptbrandabschnitten innerhalb dieser Gebäude. In der Regel sind dies Gebäude mit Mittel- oder Vollbühnen.

Zu 6.5 [Stromquelle für Versammlungsstätte mit nicht überdachter Spielfläche]

In Versammlungsstätten mit nicht überdachten Spielflächen ist nach der VStättVO der Sonderfall des ständig mitlaufenden Stromerzeugungsaggregates zulässig. In Abschnitt 6.5 werden die Anforderungen an diese Ersatzstromquelle (Feuerwehraggregat) und die Betriebsbedingungen festgelegt.

Zu 6.6 Kabel- und Leitungsanlage

Zu 6.6.2 [Sicherheitsstromkreise in Theaterleitungen]

Die gemeinsame Führung der Sicherheitsbeleuchtung mit anderen Stromkreisen in der Theaterleitung NTSKF ist dann zulässig, wenn die Stromkreise der Sicherheitsbeleuchtung in jeweils eigenen Leitungen in der gemeinsamen Umhüllung der Theaterleitung geführt werden.

3 Erläuterungen zu DIN VDE 0108 Teil 3 Geschäftshäuser und Ausstellungsstätten

Zu 2 Begriffe

Zusätzlich zu den Begriffen der DIN VDE 0108 Teil 1 sind hier die für diese baulichen Anlagen typischen Begriffe definiert.
Zu den Abschnitten 2.2 bis 2.4 und 2.7 bis 2.8 ist der Wortlaut der bereits genannten Musterverordnung für Geschäftshäuser herangezogen worden. Abschnitt 2.5 ist neu und legt den Durchsichtsschaufensterbereich mit einer Tiefe von 3 m fest.

Zu 5 Allgemeine Stromversorgung

Zu 5.2 Betriebsmittel mit Nennspannung bis 1000 V

Zu dem Abschnitt 5.2 des Teils 1 sind zusätzlich die Abschnitte 5.2.2 und 5.2.4 in die Zusatzbestimmungen aufgenommen worden. Es ist davon auszugehen, daß Geschäftshäuser einer besonderen Gefährdung unterliegen, die sich durch die Anwesenheit vieler ortsunkundiger Personen und die Anhäufung brennbarer, leicht entzündlicher und zum Verqualmen führender Waren und Verpackungsmaterialien ergibt.

Zu 5.2.2 [Bereichsschalter]

Die Forderung nach dem Bereichsschalter gibt es bereits in allen vorausgegangenen Bestimmungen der jetzigen DIN VDE 0108. Durch diese Bereichsschalter sollen Abschaltungen der elektrischen Anlagen zur Reduzierung des Brandrisikos (außerhalb der Geschäftszeit) und zur gefahrlosen Brandbekämpfung möglich werden. Die Bereichsschalter werden nur für die Räume mit erhöhter Brandgefährdung, wie Verkaufsräume, Ausstellungsräume, Werkstätten, Packräume, Lagerräume und Kantinen, gefordert.
In der Praxis werden immer häufiger nicht abschaltbare Stromkreise für die Verkaufs- und Ausstellungsräume erforderlich. Aus den vorgenannten Gründen sollten diese Ausnahmen sich ausschließlich auf die notwendigen Sicherheitseinrichtungen, Raumüberwachung, Kühlanlagen und Datenverarbeitungsanlagen mit Erhaltungsladung ihrer Ersatzstromversorgung beschränken.
Um eine eindeutige Zuordnung dieser Stromkreise zu den Versorgungseinrichtungen zu gewährleisten, sind für den Anschluß besondere Steckvorrichtungssysteme zu verwenden, sofern sie keinen festen Anschluß haben.

Zu 5.2.3 [Leitungsauswahl]

An nicht festverlegte Leitungen werden erhöhte Anforderungen gestellt. Die Begründung hierfür liegt in der Gefahrensituation des Geschäftshauses. Bewegliche Leitungen unterliegen einer Gefährdung durch mechanische Beanspruchung und dies insbesondere bei zusätzlicher Wärmebelastung aus Wärmestrahlern. Aus diesem Grund wird eine nicht so widerstandsfähige wärmebeständige Anschlußleitung auf 1 m Länge begrenzt. Diese Forderung kann nicht auf die für den Verkauf bestimmten Artikel und für Anschlußleitungen von Haushaltsgeräten etc. bezogen werden.

Zu 5.2.4 Verbraucheranlage

In den Abschnitten 5.2.4.1 und 5.2.4.2 werden Forderungen erhoben, die zur Reduzierung des Brandrisikos beitragen und im Fall der Brandbekämpfung der Freischaltung dieser Räume und Bereiche dienen. Da die elektrischen Anlagen von Schaufensterräumen und Durchsichtsschaufensterbereiche auch außerhalb der Geschäftszeit betrieben werden, sind ortsveränderliche Steckdosen und Steckvorrichtungen zur Vermeidung von Überhitzungen und Brandauslösungen verboten. Die Gefahren gehen von Beschädigungen der Steckdosen, der Leitungen und von schlechter Kontaktgabe bei Überlast aus. Die Installation und die Anordnung von Scheinwerfern ist besonders sorgfältig vorzunehmen, da sich aus der Anhäufung von Scheinwerfern sehr hohe Temperaturen im Lichtkegel ergeben können, die zur Entzündung der brennbaren Waren und Ausstellungsstücke führen können. Der Einbau von Vorschaltgeräten und Transformatoren muß die ausreichende und jederzeit gewährleistete Wärmeabfuhr der Verlustleistungen berücksichtigen.
Wie bereits zu Abschnitt 2.5, Begriffe, ausgesagt, ist der Durchsichtsschaufensterbereich festgelegt worden. In diesem Bereich mit einer Tiefe bis zu 3 m kann deshalb die Installation wie im Schaufensterraum ausgeführt werden. Beide Bereiche sind, wie vorstehend beschrieben, in gleicher Art zu behandeln, weil gleiche Risiken vorliegen.

Zu 5.2.4.4 [Wärmestrahlgeräte]
Diese Forderung ist in den Geschäftshausverordnungen der Länder enthalten und deshalb auch schon lange Bestandteil der VDE 0108. Die Begründung liegt, wie für alle brandschutztechnischen Maßnahmen, in der Ansammlung von entzündlichen Stoffen.

Zu 5.2.4.3 [Leuchten an Ausstellungs- und Vorführständen]
Für Leuchten an Ausstellungs- und Vorführständen wären die Anforderungen in DIN VDE 0108 Teil 1, Abschnitte 5.2.4.7 und 5.2.4.8, überzogen und nicht praxisgerecht. Diese Ausnahme gilt auch für Fliegende Bauten nach DIN VDE 0108 Teil 8, Abschnitt 5.2.3.3.

Zu 5.2.4.5 [Elektrische Maschinen]
Diese Anforderung der DIN VDE 0100 resultiert aus Teil 720, Feuergefährdete Betriebsstätten, deren Feuergefährdung durch andere leicht entzündliche Stoffe als Staub oder/und Fasern besteht, und somit aus Tabelle 1 dieser Norm die Schutzart IP 4X abgeleitet wird. Im weitesten Sinne läßt die Nennung der Räume auch Rückschlüsse auf das Brandrisiko dieser Räume und Arbeitsbereiche zu und sollte bei allen Planungen und nachträglichen Änderungen Beachtung finden.

Zu 6 Sicherheitsstromversorgung

Zu 6.2 [Hinweise]

Hier wird gefordert, daß als Hinweis auf Rettungswege und Ausgänge Rettungszeichenleuchten zu verwenden sind. Die Begründungen hierfür ergeben sich wiederum aus den Geschäftshausverordnungen der Länder, weil über die Hinterleuchtung eine bessere Erkennbarkeit bei Fluchtweglängen von 25 m erreicht wird. Die Alternative hierzu wären beleuchtete Schilder, die jedoch bei gleicher Größe nur die halbe Sichtweite hätten.

4 Erläuterungen zu DIN VDE 0108 Teil 4 Hochhäuser

Zu 2 Begriffe

Zu 2.2 [Hochhaus]

Die Begriffsdefinition entspricht derjenigen in der Musterbauordnung der ARGEBAU (Arbeitsgemeinschaft der für das Bau-, Wohnungs- und Siedlungswesen zuständigen Minister der Länder) sowie in den Landesbauordnungen der meisten Bundesländer.
Der hierbei verwendete weitere Begriff »Aufenthaltsraum« ist den Landesbauordnungen zu entnehmen. Hierunter ist jeder Raum zu verstehen, der zum nicht nur vorübergehenden Aufenthalt von Menschen bestimmt oder geeignet ist. Aufenthaltsräume sind hiernach zum Beispiel Versammlungs-, Verkaufs-, Ausstellungs- und Unterrichtsräume sowie Arbeitsräume aller Art. Nicht zu den Aufenthaltsräumen zählen demgegenüber Rettungswege (Flure, Treppenräume usw.), Wasch- und Toilettenräume, Abstell- und Lagerräume und sonstige Nebenräume sowie Garagen.
Bestehen im Einzelfall Zweifel, z. B. hinsichtlich der Festlegung der Höhe der Geländeoberfläche, ob das betreffende Gebäude ein Hochhaus ist, sollte der Architekt oder die Bauaufsichtsbehörde eingeschaltet werden.

Zu 6 Sicherheitsstromversorgung

Zu 6.2 [Schaltung der Sicherheitsbeleuchtung in Wohnhochhäusern]

In Wohnhochhäusern – das sind Hochhäuser, die ausschließlich dem Wohnen dienen; die Nutzung einzelner Wohnungseinheiten für andere Zwecke, wie z. B. als Arztpraxis, ist einbezogen – muß für die Sicherheitsbeleuchtung die Schaltung nach DIN VDE 0108 Teil 1, Abschnitt 6.2.1.6, angewendet werden. Mit der Vorortschaltung und der selbsttätigen Ausschaltung nach einer einstellbaren Zeit (wenige Minuten) soll sichergestellt werden, daß Batterien bei einer während der Nacht auftretenden und länger andauernden Unterbrechung der allgemeinen Stromversorgung nicht unnötig und unbemerkt über die Sicherheitsbeleuchtung entladen werden und für einen evtl. später erforderlichen Einsatz nicht mehr zur Verfügung stehen. Diese Schaltung ist unabhängig davon anzuwenden, ob die Sicherheitsbeleuchtung in Dauerschaltung oder in Bereitschaftsschaltung ausgeführt wird.

Für die örtliche Betätigung der Sicherheitsbeleuchtung müssen Leuchttaster vorgesehen werden. Diese Leuchttaster sind in den Rettungswegen derart und in solcher Zahl anzubringen, daß von jedem Standort in den Rettungswegen und auch von jedem Zugang zu den Rettungswegen aus mindestens ein Leuchttaster gut erkennbar ist.

Bei der Wahl der Schaltgeräte ist besonders auf den möglichen Gleichspannungsbetrieb zu achten; gegebenenfalls sind Wechselrichter vorzusehen.

5 Erläuterungen zu DIN VDE 0108 Teil 5 Gaststätten

Zu 2 Begriffe

Zusätzlich zu dem Begriff »Gaststätten« in DIN VDE 0108 Teil 1, Abschnitt 2.1.4, sind in den Abschnitten 2.3 bis 2.7 die weiteren, für die Eindeutigkeit des Anwendungsbereichs der Norm erforderlichen Begriffe definiert. Alle Begriffsdefinitionen entsprechen denjenigen in dem Muster der Gaststättenbauverordnung der ARGEBAU (Arbeitsgemeinschaft der für das Bau-, Wohnungs- und Siedlungswesen zuständigen Minister der Länder) sowie gegebenenfalls in den Gaststättenbauverordnungen der Bundesländer.

Da Gaststätten im Sinne von DIN VDE 0108 auch bauliche Anlagen oder Teile von baulichen Anlagen sind, die nur einem bestimmten Personenkreis zugänglich sind, zählen hierzu z. B. auch Werkskantinen mit mehr als 400 Plätzen oder Ferienheime mit mehr als 60 Gastbetten für die Mitarbeiter und Angehörigen von Unternehmen.

Zu 5 Allgemeine Stromversorgung

Zu 5.2.1 bis 5.2.3 [Vorübergehende Einbauten]

Vorübergehende Einbauten mit einer unter Umständen von der eigentlichen Nutzungsart des Gebäudes abweichenden Nutzung sind bezüglich ihrer elektrischen Anlagen klar abzugrenzen.

Mit dem geforderten gemeinsamen Lastschalter soll erreicht werden, daß beim Auftreten von Gefahren durch elektrischen Schlag, durch Wärmeeinwirkung von wärmeerzeugenden Geräten usw. dieser separate Anlagenteil schnell spannungsfrei geschaltet werden kann. Bei Betriebsströmen bis 16 A kann als Trennstelle anstatt eines Lastschalters auch eine Schutzkontaktsteckvorrichtung nach DIN 49440/441 verwendet werden.

Die Mindestanforderungen an die Bauart von flexiblen Leitungen und Isolierstoffassungen in Lichtleisten und Lichtketten berücksichtigen die bei derartigen Einbauten häufig gegebene Bedienung durch Laien.

Zu 6 Sicherheitsstromversorgung

Zu 6.2 [Schaltung der Sicherheitsbeleuchtung in Beherbergungsbetrieben]

Durch die Verknüpfung der Schaltungen der Sicherheitsbeleuchtung mit Batterie und der allgemeinen Beleuchtung sowie die selbsttätige Ausschaltung durch eine Zeitschaltuhr soll eine bedarfsgerechte Nutzung der Batterie sichergestellt werden. Die Erläuterungen zu DIN VDE 0108 Teil 4, Abschnitt 6.2, gelten entsprechend. Abschnitt 6.2 ist nur anzuwenden in dem Gebäudebereich, der der unmittelbaren Beherbergung dient, d.h. nicht in sonstigen Bereichen, wie z.B. in den zum Beherbergungsbetrieb gehörenden Versammlungsräumen und den zugehörigen Rettungswegen.

Zu 6.3 [Ständiger Betrieb der Sicherheitsbeleuchtung in Dauerschaltung]

Die Festlegungen in Abschnitt 6.3 bieten die Möglichkeit, für die Beleuchtung der Rettungswege von Beherbergungsbetrieben als Orientierungsbeleuchtung in den Nachtstunden allein die Sicherheitsbeleuchtung in Dauerschaltung zu verwenden. Wird die Ersatzstromquelle für einen mindestens achtstündigen Betrieb der gesamten Sicherheitsbeleuchtung ausgelegt, so ist die Zeitschaltung nach Abschnitt 6.2 nicht erforderlich, da bei einer derartigen Betriebsdauer der Ersatzstromquelle auch bei einem länger andauernden Ausfall der Stromversorgung aus dem öffentlichen Verteilungsnetz Gefahren infolge eines Ausfalls der Sicherheitsbeleuchtung nicht zu erwarten sind.

6 Erläuterungen zu DIN VDE 0108 Teil 6 Geschlossene Großgaragen

Zu 2 Begriffe

Zusätzlich zu dem Begriff »Großgarage« in DIN VDE 0108 Teil 1, Abschnitt 2.1.5, sind in den Abschnitten 2.2 bis 2.4 die weiteren, für die Eindeutigkeit des Anwendungsbereichs der Norm erforderlichen Begriffe definiert. Alle Begriffsdefinitionen entsprechen denjenigen in dem Muster der Garagenverordnung der ARGEBAU (Arbeitsgemeinschaft der für das Bau-, Wohnungs- und Siedlungswesen zuständigen Minister der Länder) sowie – unter Umständen mit geringfügigen Abweichungen – in den Garagenverordnungen der Bundesländer.
Zu den eingeschossigen geschlossenen Großgaragen mit festem Benutzerkreis wird auf die Erläuterungen zu DIN VDE 0108 Teil 1, Abschnitt 1, hingewiesen.

Zu 5 Allgemeine Stromversorgung

Zu 5.2.2 [Ventilatoren zur Garagenlüftung]

Die Festlegungen in den ersten beiden Sätzen entsprechen einer gleichartigen Vorschrift im Muster der Garagenverordnung der ARGEBAU und zum Teil in den Garagenverordnungen der Bundesländer. In den Garagenverordnungen wird verlangt, daß maschinelle Abluftanlagen in jedem Lüftungssystem mindestens zwei gleich große Ventilatoren haben müssen, die bei gleichzeitigem Betrieb zusammen den erforderlichen Gesamtvolumenstrom erbringen. In Schwachlastzeiten darf jedoch ein Ventilator – insbesondere aus Gründen der Einsparung von Energie – ausgeschaltet werden, sofern er beim Ausfall des anderen Ventilators infolge einer Störung selbsttätig wieder in Betrieb genommen wird und damit eine Grundlüftung der Garage sichergestellt bleibt. Die Stromversorgung der Ventilatoren aus einem für jeden Ventilator eigenen Stromkreis unmittelbar von der Schaltanlage der Lüftungsanlage soll die Störanfälligkeit der Ventilatoren infolge elektrischer Fehler im Stromversorgungsnetz der Garage und gegebenenfalls weiterer zugehöriger baulicher Anlagen auf ein Minimum reduzieren.
Die Festlegung im letzten Satz war in einer inzwischen überholten Fassung des Musters der Garagenverordnung enthalten und findet sich noch in einzelnen Garagenverordnungen der Bundesländer. Aus dem aktuellen Muster der Garagenverordnung sowie aus mehreren Garagenverordnungen der Länder wurde diese Vorschrift nunmehr herausgenommen, weil sie von der Arbeitsstättenverordnung abgedeckt ist.

Zu 6 Sicherheitsstromversorgung [für CO-Warnanlagen]

Nach den Garagenverordnungen sind CO-Warnanlagen und in Verbindung hiermit optisch und/oder akustisch wirkende Signalanlagen nur für geschlossene Großgaragen mit nicht nur geringem Zu- und Abgangsverkehr erforderlich. Für diese Anlagen ist eine Sicherheitsstromversorgung mit Ersatzstromquelle erforderlich, weil gerade bei einer Unterbrechung der Stromversorgung aus dem öffentlichen Verteilungsnetz und dem damit verbundenen Ausfall der Lüftungsventilatoren eine rasch steigende CO-Konzentration in der Garagenluft zu erwarten ist, der durch Abstellen der Motoren begegnet werden muß.

7 Erläuterungen zu DIN VDE 0108 Teil 7 Arbeitsstätten

Zu 1 Anwendungsbereich

Der Gesetzgeber hat den Anwendungsbereich für Sicherheitsbeleuchtungsanlagen durch die Arbeitsstätten-Richtlinie ASR 7/4 auf die schon genannten Bereiche
– Rettungswege und
– Arbeitsplätze mit besonderer Gefährdung
beschränkt.

Sicherheitsbeleuchtung für Rettungswege ist z. B. in
- Arbeits- und Lagerräumen mit einer Grundfläche von mehr als 2000 m^2,
- Arbeits- und Pausenräumen in mehr als 22 m Gebäudehöhe,
- Arbeitsräumen ohne Fenster mit einer Grundfläche von mehr als 100 m^2 (bei Grundflächen von 30 bis 100 m^2 sind nur an den Ausgängen Rettungszeichenleuchten zu installieren),
- Explosions- und giftstoffgefährdeten Arbeitsräumen mit einer Grundfläche >100 m^2 (bei Grundflächen von 30 bis 100 m^2 sind an den Ausgängen Rettungszeichenleuchten anzubringen),
- Laboratorien mit besonderer Gefährdung mit einer Grundfläche >600 m^2 (Rettungszeichenleuchten an den Ausgängen sind bei Raumgrundflächen von 30 bis 600 m^2 vorzusehen),
- Rettungswegen zu den vorgenannten Räumen
einzurichten.

Sicherheitsbeleuchtung für Arbeitsplätze mit besonderer Gefährdung ist z. B. einzurichten, wenn durch den Ausfall der Stromversorgung der allgemeinen Beleuchtung
1. eine unmittelbare Unfallgefahr besteht (Umgang mit heißen Massen, bestimmte Gefahrstoff-Arbeitsplätze, Arbeitsplätze an schnellaufenden Maschinen),
2. besondere Gefahren für andere Arbeitnehmer ausgehen können (Schaltwarten, Leitstände, Bedienplätze an Aggregaten, Arbeitsplätze an Absperr- und Regeleinrichtungen).

Besonderer Beachtung bedarf noch das im Beiblatt 1 abgedruckte »Muster der Verordnung über den Bau von Betriebsräumen für elektrische Anlagen (EltBauVO)« zu dieser Norm. Diese EltBauVO gilt nur in den Bundesländern, in denen sie aufgrund des Baurechts eingeführt wurde. Diese Verordnung ist danach auch in den Arbeitsstätten der in §1 dieser Vorschrift genannten baulichen Anlagen anzuwenden. Rein industrielle und gewerbliche Betriebsstätten fallen nicht in den Anwendungsbereich der EltBauVO.

Zu 2 Begriffe

Die hier verwendeten Begriffe der Arbeitsstätte sind mit denen in §2 ArbStättV verwendeten identisch.
In DIN 5053 Teil 5 »Innenraumbeleuchtung mit künstlichem Licht – Notbeleuchtung« wird in Ziffer 2.1.1.2 die Sicherheitsbeleuchtung für Arbeitsplätze mit besonderer Gefährdung dahingehend definiert, daß das gefahrlose Beenden notwendiger Tätigkeiten und das Verlassen des Arbeitsplatzes ermöglicht wird.
Das bedeutet, daß die Sicherheitsbeleuchtung der Rettungswege an die Arbeitsplätze mit besonderer Gefährdung heranzuführen ist.

Zu 3 Grundanforderungen

Zu 3.1 [Allgemeine Stromversorgung in Arbeitsstätten]

Wie schon zum Anwendungsbereich ausgeführt, hat der Gesetzgeber in der ArbStättV nur Forderungen an das Vorhandensein der Sicherheitsbeleuchtung gestellt. Die Aussagen im Abschnitt 3.1 des Teiles 7, in dem auf die Gültigkeit des Teiles 1 der Norm verwiesen wurde, führte in der Praxis trotz des Hinweises auf den jeweils zu beachtenden Anwendungsbereich zu Mißverständnissen. Im Entwurf A1 zum Teil 7 der DIN VDE 0108 – Arbeitsstätten – ist daher in Abschnitt 3 und Abschnitt 5 noch deutlicher gemacht, daß aus Teil 1 der DIN VDE 0108 in Arbeitsstätten nur die Anforderungen an die Sicherheitsstromversorgung gelten. Die besonderen Anforderungen an elektrische Betriebsräume gelten nur dann, wenn die bauliche Anlage in den Geltungsbereich der EltBauVO fällt.

Zu 3.2 [Sicherheitseinrichtungen in Arbeitsstätten]

Die Abweichung von DIN VDE 0108 Teil 1, Abschnitt 3.3.1 Nr. 1 und 3, basiert auf den Bestimmungen der ArbStättV in Verbindung mit der Arbeitsstätten-Richtlinie ASR 7/4, wonach nur in den dort genannten Bereichen eine Sicherheitsbeleuchtung erforderlich ist (siehe Erläuterungen zu DIN VDE 0108 Teil 7, Abschnitt 1).
Der Hinweis auf behördliche Forderungen im Einzelfall soll verdeutlichen, daß die Aufzählung von Fällen in der ASR 7/4 nur beispielhaft sein kann. Im Ermessen der Behörde steht es, beim Vorliegen sicherheitstechnisch relevanter Gegebenheiten auch dort eine Sicherheitsbeleuchtung nach ArbStättV auf der Grundlage der DIN VDE 0108 Teil 1 und Teil 7 zu fordern.

Zu 4 Brandschutz, Funktionserhalt

In der Fassung vom Oktober 1989 der DIN VDE 0108 Teil 7 ist zu Abschnitt 4 versehentlich die Festlegung einer Ausnahme nicht aufgenommen worden. Im Entwurf A1 zum Teil 7 wird auf diese Ausnahme mit folgendem Text hingewiesen:
»4.1 Hinsichtlich der Anforderungen an elektrische Betriebsräume gilt DIN VDE 0108 Teil 1, Abschnitt 4.1, nur für Arbeitsstätten, die sich in baulichen Anlagen nach § 1 des Musters der Verordnung über den Bau von Betriebsräumen für elektrische Anlagen (EltBauVO) befinden.«

Zu 5 Allgemeine Stromversorgung

Zu 5.1 Betriebsmittel mit Nennspannung über 1 kV

In rein industriellen und gewerblichen Betriebsstätten kann meist davon ausgegangen werden, daß durch laufende fachtechnische Betreuung und sicherheitstechnische Überprüfungen die Anforderungen nach besonders abgetrennten Betriebsräumen nicht erforderlich ist.
Die in § 1 der EltBauVO genannten Bauten fallen jedoch nicht unter diese Ausnahme.
Im Entwurf A1 zum Teil 7 der DIN VDE 0108 wurde, um Mißverständnissen vorzubeugen, noch deutlicher der Geltungsbereich des Abschnittes 5 herausgearbeitet. Siehe hierzu auch die Erläuterung zu Abschnitt 3.1.

Zu 5.2 Betriebsmittel mit Nennspannung bis 1000 V

Siehe Erläuterungen zu Abschnitt 5.1, Satz 1.
Die Freistellung besteht jedoch grundsätzlich vorbehaltlich besonderer baurechtlicher Belange oder solcher, die durch andere (z. B. Gewerbeaufsicht) erhoben werden.
Zum Geltungsbereich des Abschnittes 5 siehe auch Entwurf A1 zum Teil 7 der DIN VDE 0108 und die Erläuterung zu Abschnitt 3.1.

Zu 6 Sicherheitsstromversorgung

Zu 6.1 [Betriebsräume für Ersatzstromquellen]

Die Vorschrift nach der Unterbringung von Gruppenbatterien, Zentralbatterien und Stromerzeugungsaggregaten in »besonderen« Räumen nach der EltBauVO erfährt auch hier wieder eine Ausnahme aus den schon genannten Gründen. Gebäude nach § 1 der EltBauVO unterliegen jedoch den Anforderungen des Teil 1 der DIN VDE 0108.

Zu 6.2 [Betriebsräume für Hauptverteiler]

Die Erläuterung zur vorstehenden Ziffer 5.2 gilt auch hier.

Zu 6.5 [Kraftstoffbehälter]

(DIN VDE 0108 Teil 1, Abschnitt 6.4.4.10) Werden für die Sicherheitsstromversorgung in Arbeitsstätten Stromerzeugungsaggregate eingesetzt, so erscheint die Bereitstellung von Kraftstoff (Kraftstoffbehälter) für einen zweistündigen Betrieb ausreichend. Arbeitsplatz und Gebäude werden in der Regel in kürzeren Zeiten verlassen. Darüber hinaus sind in Einzelfällen die Anforderungen nach Tabelle 2 zu beachten.

Zu 6.6 [Getrennte Führung der Stromkreise]

(DIN VDE 0108 Teil 1, Abschnitt 6.7.4) Stromkreise der Sicherheitsstromversorgung sind auch in Arbeitsstätten in jeweils getrennten Kabeln und Leitungen zu führen, jedoch kann auf getrennte Leitungstrassen verzichtet werden. In diesem Zusammenhang ist darauf zu achten, daß der Funktionserhalt nach Abschnitt 4.4 sichergestellt ist.

Zu 6.6 [Schalten der Endstromkreise]

(DIN VDE 0108 Teil 1, Abschnitt 6.7.14) Endstromkreise der Sicherheitsbeleuchtung dürfen in Arbeitsstätten Schalter haben. Gemeint ist hier das Mitschalten mit der Allgemeinbeleuchtung der Räume, so daß bei gelegentlicher Raumbenutzung Allgemeinbeleuchtung und Sicherheitsbeleuchtung geschaltet werden können. Die Erläuterungen des Abschnittes 6.2.1.6 von Teil 1 der DIN VDE 0108 gelten hierbei nicht.

Zu 6.6 [Leuchtenzahl der Endstromkreise]

(DIN VDE 0108 Teil 1, Abschnitt 6.7.15) An einen Stromkreis der Sicherheitsbeleuchtung in Arbeitsstätten dürfen auch mehr als zwölf Leuchten angeschlossen werden. Es darf jedoch nicht die nach DIN VDE 0108 Teil 1, Abschnitt 6.7.13, zulässige maximale Belastung von 6 A überschritten werden. Der Versorgungsbereich der Stromkreise sollte die Brandabschnittsgrenzen nicht überschreiten.

Zu 9 Instandhaltung

Nach § 53 Abs. 1 ArbStättV ist der Arbeitgeber verpflichtet, die Arbeitsstätte instand zu halten. Damit sind die Wartung, Inspektion und die Instandsetzung erfaßt. Sofern Mängel an der Sicherheitsbeleuchtung festgestellt werden, sind sie sofort zu beheben (Instandsetzung). Ist mit den Mängeln eine akute Gefahr verbunden (z. B. bei Schäden an der Sicherheitsbeleuchtung für Arbeitsplätze mit besonderer Gefährdung), kann eine Arbeitseinstellung bis zur vollständigen Mängelbeseitigung erwogen werden.

Die regelmäßige Wartung der Sicherheitsbeleuchtung ergibt sich aus § 53 Abs. 2 ArbStättV. Hier ist auch der jährliche Zeitintervall für die Prüfung der Funktionsfähigkeit (Inspektion) angegeben. Diese jährliche Prüfung geht über eine bloße Funktionskontrolle (z. B. Betätigung eines Kontrollschalters) hinaus.

Die gesamte Anlage, insbesondere auch die Einhaltung der beleuchtungstechnischen Werte, muß geprüft werden. Die Forderung des § 53 Abs. 2 ist somit weitergehend als die entsprechende Regelung in Nr. 9 der DIN 5035 Teil 5.

Darüber hinaus besteht eine Pflicht zur Reinigung der Leuchten und Lampen der Sicherheitsbeleuchtung von Verschmutzungen durch Staub, Farbe, Öl usw. Dies ergibt sich sowohl aus der Forderung des § 53 Abs. 1 ArbStättV nach Instandhaltung als auch gemäß § 54 ArbStättV nach unverzüglicher Beseitigung von Verunreinigungen und Ablagerungen, die zu Gefahren führen können.

8 Erläuterungen zu DIN VDE 0108 Teil 8 Fliegende Bauten als Versammlungsstätten, Verkaufsstätten, Ausstellungsstätten und Schank- und Speisewirtschaften

Zu 2 Begriffe

Fliegende Bauten können als Versammlungsstätten, Verkaufsstätten, Ausstellungsstätten oder Schank- und Speisewirtschaften verwendet werden. Daher wurden die für derartige Gebäude in den Teilen 1, 2, 3 und 5 der Norm definierten Begriffe unverändert in die Abschnitte 2.3 bis 2.6 übernommen.

Zu 3 Grundanforderungen

Die in Abschnitt 6.1 behandelten erleichternden Abweichungen von den Grundanforderungen in DIN VDE 0108 Teil 1, Abschnitt 3, Tabelle 1, sind in Anbetracht der üblichen Zeltbauweise der Fliegenden Bauten mit kurzen Rettungswegen unmittelbar ins Freie gerechtfertigt.

Zu 5 Allgemeine Stromversorgung

Zu 5.1 Betriebsmittel mit Nennspannungen über 1 kV

Die Verwendung von Betriebsmitteln mit Nennspannungen über 1 kV – abgesehen von Leuchtröhrenanlagen nach DIN VDE 0128 – ist nicht zulässig, weil die Einhaltung der für derartige Betriebsmittel erforderlichen brandschutz- und elektrotechnischen Schutzvorkehrungen auch im Hinblick auf den wiederholten Auf- und Abbau der Fliegenden Bauten nicht ausreichend sichergestellt ist.
Darüber hinaus dürfte auch die Verbraucherleistung einer solchen Einrichtung ohne Probleme über eine Niederspannungseinspeisung abgedeckt werden können. Bezüglich des Niederspannungseinspeisepunktes ist DIN VDE 0100 Teil 722 besonders zu beachten.

Zu 5.2 Betriebsmittel mit Nennspannungen bis 1000 V

Die Anwendung der DIN VDE 0108 Teil 1, Abschnitt 5.2.1, ist ausgeklammert, weil die dort festgelegten Anforderungen an die elektrischen Betriebsräume bei Fliegenden Bauten nicht realisierbar sind. Um so mehr ist auf einen sicheren Aufbau des Verteilers bzw. der Schaltanlage selbst zu achten. Nach DIN VDE 0100 Teil 722 ist als Schutzart hierfür mindestens IP 54 vorzusehen.

Zu 5.2.1 Verteiler

Zu 5.2.1.1 [Anordnung der Verteiler]
Hiermit soll Brandgefahren, insbesondere hinsichtlich der Anbringung von Dekorationen in unmittelbarer Nähe von Verteilern, aber auch der Anordnung der Verteiler im Nahbereich von Einbauten aus leichtentzündlichen Stoffen oder von Zeltwänden, begegnet werden. Zu den Anforderungen an Verteiler siehe im übrigen DIN VDE 0100 Teil 722, Abschnitt 5.

Zu 5.2.1.2 [Vorübergehende Einbauten]
Diese Anforderungen sind auch für Versammlungsstätten und Schank- und Speisewirtschaften in Gebäuden festgelegt (siehe DIN VDE 0108 Teil 2 und Teil 5 und diesbezügliche Erläuterungen).

Zu 5.2.2 und 6.4 Kabel- und Leitungsanlage

Bei der Auswahl und Installation der Kabel- und Leitungsanlage einschließlich der Verbindungs- und Abzweigstellen ist auf die rauhen Anforderungen bei Fliegenden Bauten besonders zu achten. Dies bedingt die Wahl von besonders stabilem Material und eine sachgerechte Installation.
Behelfsmäßige (laienhafte) Installation ist nicht zulässig.

Zu 5.2.3 Verbraucheranlage

Zu 5.2.3.1 und 5.2.3.2 [Bild- und Tonwiedergabegeräte, Hochdrucklampen]
Diese Anforderungen entsprechen den Festlegungen in DIN VDE 0108 Teil 2, Abschnitte 5.2.7.2 und 5.2.7.6, Sätze 2 bis 4.

Zu 5.2.3.3 [Leuchten an Ausstellungs- und Vorführständen]
Für Leuchten an Ausstellungs- und Vorführständen wären die Anforderungen in DIN VDE 0108 Teil 1, Abschnitte 5.2.4.7 und 5.2.4.8, überzogen und nicht praxisgerecht. Diese Ausnahme gilt auch für Geschäftshäuser und Ausstellungsstätten nach DIN VDE 0108 Teil 3, Abschnitt 5.2.4.3.

Zu 5.2.3.4 [Elektrische Wärmestrahlgeräte]
Mit dieser Festlegung soll der von elektrischen Wärmestrahlgeräten ausgehenden konzentrierten Aufheizung und einer möglichen Brandgefahr bei Anwendung in der Nähe brennbarer Stoffe in den vorwiegend aus brennbaren Baustoffen hergestellten Zeltbauten vorgebeugt werden.

Zu 5.2.3.5 [Elektrische Maschinen]
Diese Anforderung entspricht der Festlegung in DIN VDE 0108 Teil 2, Abschnitt 5.2.7.11, und geht zum Teil über die Anforderungen nach DIN VDE 0100 Teil 722 hinaus.

Zu 5.2.3.6 [Fassungen für Lampen]
Diese Festlegung stimmt überein mit DIN VDE 0100 Teil 722, Abschnitt 8.3. Zu den weiteren Anforderungen an die Beleuchtungsanlagen in Fliegenden Bauten siehe DIN VDE 0100 Teil 722, Abschnitt 8.

Zu 6 Sicherheitsstromversorgung

Zu 6.1 Allgemeine Anforderungen

Auf die Erläuterungen zu DIN VDE 0108 Teil 8, Abschnitt 3, wird hingewiesen.

Zu 6.2 Sicherheitsbeleuchtung

Diese Anforderungen entsprechen den Festlegungen in DIN VDE 0108 Teil 2, Abschnitte 6.2.1 und 6.2.2.

Zu 6.3 Ersatzstromquellen

Zu 6.3.1 [Ersatzstromquellen und Verteiler]

Um eine Störung der Funktion der Sicherheitsstromversorgung durch bewußtes oder unbewußtes Handeln Fremder zu verhindern, sind die Ersatzstromquellen und Verteiler durch besondere Maßnahmen, z. B. durch nicht sichtbare Anordnung, dem Zugriff Unbefugter zu entziehen. Einzelbatterieleuchten sollen, wenn dies baulich möglich ist, außerhalb des Handbereichs (über 2,50 m) angebracht werden.

Zu 6.3.2 [Kraftfahrzeug-Starterbatterien]

In Fliegenden Bauten werden Kraftfahrzeug-Starterbatterien für Zentralbatterieanlagen als den ortsfesten Batterien nach DIN VDE 0510 Teil 2 gleichwertig betrachtet, weil sie für den häufigen Auf- und Abbau der Anlagen besonders geeignet sind und einer regelmäßigen Kontrolle unterzogen werden. Mit der Festlegung der Nennspannung der Batterien auf maximal 60 V soll erreicht werden, daß die Anzahl der in Reihe zu schaltenden Kraftfahrzeug-Starterbatterien begrenzt bleibt.

Zu 6.3.3 [Trennschalter für Einzel- und Gruppenbatterieanlagen]

Der bei Einzel- und Gruppenbatterieanlagen in Fliegenden Bauten erforderliche Trennschalter dient dazu, zu verhindern, daß beim Abbau der Sicherheitsbeleuchtung und Trennung der Anlagen von der Einspeisung aus dem öffentlichen Versorgungsnetz die Batterie über angeschaltete Verbraucher entladen wird.

Der Schalter soll die Batterie elektrisch abtrennen, da bei derartigen Anlagen die Batterien in Nichtbedarfszeiten üblicherweise nicht ausgebaut werden.

Die Trennschalter müssen so angeordnet oder ausgeführt werden, daß eine Betätigung durch Fremde nicht zu befürchten ist.

Anhang

Erläuterungen zu DIN VDE 0108 Teil 1, Abschnitt 4,
und zu den baurechtlichen Regelungen im Beiblatt 1
zu DIN VDE 0108 Teil 1

Zu 4.1 [Brandschutztechnische Anforderungen an die Betriebsräume bestimmter elektrischer Anlagen]

1. In diesem Abschnitt ist festgelegt, daß die Räume, in denen
   – Transformatoren und Schaltanlagen für Nennspannungen über 1 kV,
   – Gruppenbatterien und Zentralbatterien,
   – Stromerzeugungsaggregate mit ihren Hilfseinrichtungen
   untergebracht sind, den Anforderungen des Musters der EltBauVO entsprechen müssen (siehe Beiblatt 1 zu DIN VDE 0108 Teil 1). Da die EltBauVO die zum Zeitpunkt ihrer Verabschiedung noch nicht bekannten Gruppenbatterien nicht erfaßt, wird im letzten Satz dieses Abschnittes klargestellt, daß Gruppenbatterien hinsichtlich der brandschutztechnischen Raumanforderungen wie Zentralbatterien behandelt werden müssen, da der Ausfall einer Gruppenbatterie durch äußere Brandeinwirkung in dem betreffenden Gebäudebereich zu gleichartigen Gefahrensituationen führen kann wie der Ausfall einer Zentralbatterie.
   Zur Frage der Beachtung des Musters der EltBauVO wird auf die Erläuterungen zu DIN VDE 0108 Teil 1, Abschnitt 4, hingewiesen.
   Abschnitt 4.1 gilt für alle baulichen Anlagen nach dem Anwendungsbereich dieser Norm, ausgenommen für Fliegende Bauten nach Teil 8 (siehe Teile 1 bis 8, jeweils Abschnitt 4). Nach dem Wortlaut der DIN VDE 0108 Teil 7, Abschnitt 4, beziehen sich diese Anforderungen auch auf Arbeitsstätten. Es wurde jedoch inzwischen erkannt, daß dies zum Teil als überzogen angesehen werden muß. Dem wurde inzwischen in Abschnitt 4.1 des neuen Entwurfs DIN VDE 0108 Teil 7 A 1 – Arbeitsstätten vom Oktober 1992 Rechnung getragen. Danach ist DIN VDE 0108 Teil 1, Abschnitt 4.7, nur noch in Arbeitsstätten anzuwenden, die sich in baulichen Anlagen nach § 1 des Musters der EltBauVO befinden (siehe hierzu auch Erläuterungen zu DIN VDE 0108, Teil 7).
   Ein Vergleich des Anwendungsbereichs dieser Norm mit dem Geltungsbereich der EltBauVO (§ 1) zeigt, daß Hochhäuser in der EltBauVO zwar nicht ausdrücklich genannt, jedoch bei der üblichen Nutzung als Büro- und Verwaltungs- oder als Wohngebäude als solche mit erfaßt sind. Ausstellungsstätten nach dieser Norm fallen nicht in den Geltungsbereich der EltBauVO, d. h., der Gesetzgeber hat diese Position nicht durch eigene Regelungen besetzt; nach den

Festlegungen in Abschnitt 4.1 sind jedoch die Anforderungen der EltBauVO sinngemäß auch auf die Ausstellungsstätten zu beziehen.

§ 1 Absatz 2 EltBauVO besagt, daß die Anforderungen der EltBauVO an die obengenannten Betriebsräume nicht gelten, wenn sich diese Räume in
- nur für diesen Zweck errichteten freistehenden Gebäuden oder
- Gebäudeteilen, die nur diese Betriebsräume enthalten und von den übrigen Gebäudeteilen durch Brandwände abgetrennt sind,

befinden. Andererseits müssen jedoch auch in diesen Fällen Maßnahmen zum Funktionserhalt entsprechend DIN VDE 0108 Teil 1, Abschnitt 4.4, durchgeführt werden.

2. Für die obengenannten Betriebsräume gelten die Vorschriften der §§ 3 und 4 EltBauVO gleichermaßen. Hinzu kommen die Vorschriften des § 5 für Betriebsräume für Transformatoren und Schaltanlagen mit Nennspannungen über 1 kV, des § 6 für Räume für ortsfeste Stromerzeugungsaggregate und des § 7 für Batterieräume (Gruppen- oder Zentralbatterien).
3. Die baulichen Anforderungen an die Betriebsräume ergeben sich im einzelnen aus den Vorschriften der EltBauVO. Auf mehrere, für den Brandschutz bedeutsame Einzelpunkte wird im folgenden näher eingegangen.
   a) Eigene Räume
   Transformatoren und Schaltanlagen für Nennspannungen über 1 kV, ortsfeste Stromerzeugungsaggregate sowie Zentral- bzw. Gruppenbatterien für

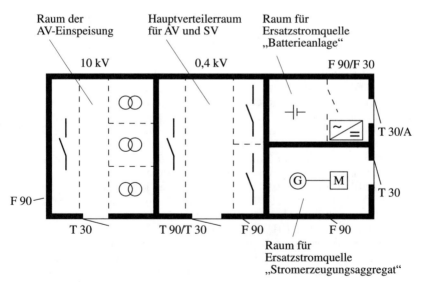

Bild A–1. Betriebsräume für elektrische Anlagen nach EltBauVO
Hauptverteiler: Tür T 90, wenn Funktionserhalt 90 min
Batterieraum: F 90 und T 30 bei angrenzenden Räumen mit erhöhter Brandgefahr

Sicherheitsbeleuchtung müssen in **jeweils** eigenen Räumen untergebracht sein (§ 3 Absatz 1) **(Bild A–1)**.
Die Schaltanlage der Sicherheitsbeleuchtung – hierzu zählt auch der mit der eigentlichen Schaltanlage integrierte Hauptverteiler – darf gemeinsam mit der Batterie in einem Raum installiert werden, aber nicht gemeinsam mit Transformatoren- und Schaltanlagen für Nennspannungen über 1 kV oder mit ortsfesten Stromerzeugungsaggregaten. Andererseits darf entsprechend DIN VDE 0108 Teil 1, Abschnitt 6.3.3, der Hauptverteiler der Sicherheitsbeleuchtung bzw. der gesamten Sicherheitsstromversorgung unter den dort genannten Voraussetzungen auch mit dem Hauptverteiler der allgemeinen Stromversorgung in einem gemeinsamen Raum untergebracht werden; in diesem Fall muß jedoch die Batterie brandschutztechnisch gesondert geschützt werden **(Bild A–2)**.

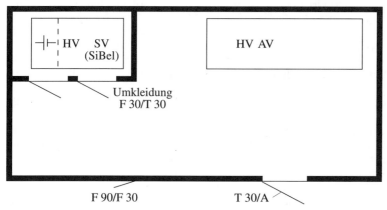

Bild A–2. Betriebsräume für Hauptverteiler nach der EltBauVO und DIN VDE 0108
Gemeinsamer Raum: F 90 und T 30 bei angrenzenden Räumen mit erhöhter Brandgefahr

Die Räume dürfen für andere Zwecke nicht genutzt werden (§ 2). Dies gilt auch für Leitungen, wie z. B. Wasser- und Abwasserleitungen, und Einrichtungen aller Art (§ 4 Absatz 4).
b) Zugänglichkeit der Betriebsräume
Die Betriebsräume müssen von allgemein zugänglichen Räumen oder vom Freien aus erreichbar sein; eine Zugänglichkeit von Treppenräumen aus ist unzulässig (§ 4 Absatz 1). Bei Räumen mit Transformatoren darf der Zugang aus dem Gebäudeinnern nur von Fluren und über Sicherheitsschleusen möglich sein, und bei Transformatoren mit Mineralöl oder einer synthetischen Flüssigkeit mit einem Brennpunkt ≤ 300 °C als Kühlmittel muß mindestens ein Ausgang unmittelbar oder über einen Vorraum ins Freie führen (§ 5 Absatz 8).

Sicherheitsschleusen sind selbständige Räume mit feuerbeständigen Wänden und Decken, mit mindestens feuerhemmenden Brandschutztüren und mit Fußböden aus nichtbrennbaren Baustoffen. Sie dürfen für andere als für Durchgangszwecke nicht genutzt werden. Sicherheitsschleusen mit mehr als 20 m^3 Luftraum müssen Rauchabzugsanlagen haben (§ 5 Absatz 8 letzter Satz).

c) Wände, Decken und Türen der Betriebsräume
Für die an andere Räume angrenzenden Wände und Decken der Betriebsräume ist eine bestimmte Brandschutzqualität vorgeschrieben, um einerseits die Ausbreitung eines in den Betriebsräumen entstandenen Brandes in benachbarte Räume zu verhindern und andererseits die Stromerzeugungsaggregate und Batterien vor einem Ausfall durch einen Brand von außen zu schützen. Sinnvoll ist dieser Schutz naturgemäß nur über einen gewissen Zeitraum, und zwar entweder über 90 Minuten (feuerbeständige Wände und Decken erforderlich) oder über 30 Minuten (feuerhemmende Wände und Decken erforderlich) – siehe § 5 Absatz 1, § 6 Absatz 1 und § 7 Absatz 1. Nach den bauordnungsrechtlichen Vorschriften der Länder müssen feuerbeständige bzw. feuerhemmende Wände und Decken der Feuerwiderstandsklasse F 90 bzw. F 30 nach DIN 4102 entsprechen.
Diese Anforderungen gelten auch, wenn Zentral- oder Gruppenbatterien in Batterieschränken untergebracht werden (§ 7 Absatz 1 Satz 2), d.h., Batterieschränke müssen ebenfalls in derart beschaffenen Räumen untergebracht werden; ein Schrank aus Stahlblech – auch ohne Öffnungen – reicht als Brandschutzmaßnahme nicht aus. Begehbare Räume werden jedoch nicht verlangt, d.h., eine brandschutztechnisch entsprechende Umkleidung einschließlich Zugangstür wie bei begehbaren Räumen ist ausreichend – siehe hierzu Bild A–2.
An Türen werden geringere Brandschutzanforderungen als an Wände und Decken gestellt. Es genügen in feuerbeständigen Wänden feuerhemmende Brandschutztüren (Feuerwiderstandsklasse T 30 nach DIN 4102, selbstschließend) und im übrigen Türen aus nichtbrennbaren Baustoffen (Baustoffklasse A nach DIN 4102).
Zur Frage der erforderlichen Brandschutzmaßnahmen bei der Führung von Kabeln und Leitungen durch die Wände und Decken der Betriebsräume wird auf die Erläuterungen zu DIN VDE 0108 Teil 1, Abschnitt 4.3, hingewiesen. Die in § 5 Absatz 1 letzter Satz geforderte Schließung der Öffnung mit nichtbrennbaren Baustoffen reicht nicht aus.

d) Be- und Entlüftung der Betriebsräume
Die Betriebsräume müssen Lüftungsanlagen für die Abfuhr der Verlustwärme bzw. der bei der Batterieladung entstehenden Gase haben (§ 4 Absatz 3). Die Zuluft- und Abluftführung muß unmittelbar oder über besondere Lüftungsleitungen vom Freien bzw. ins Freie erfolgen (§ 5 Absatz 4, § 6 Absatz 1 und § 7 Absatz 1). Gemeinsame Lüftungsleitungen für die Lüftung dieser einzelnen Betriebsräume einerseits und die Lüftung anderer Gebäudebereiche und Räume andererseits sind somit nicht zulässig.

Durch die Bauart der Lüftungsleitungen muß sichergestellt werden, daß Feuer und Rauch nicht aus anderen Räumen des Gebäudes in die Betriebsräume und umgekehrt übertragen werden können. Dies kann durch
- Einbau von Feuerschutzklappen in die Lüftungsleitungen in Höhe der Wände oder Decken der Betriebsräume oder
- Verwendung von Lüftungsleitungen mit Feuerwiderstandsdauer außerhalb der Betriebsräume (hierzu siehe DIN 4102 Teil 4, Abschnitt 7.3, und DIN 4102 Teil 6)

erreicht werden. Die Feuerwiderstandsdauer der Feuerschutzklappen und der Lüftungsleitungen muß derjenigen der Wände bzw. Decken der Betriebsräume entsprechen. Maßgebend für den Brandschutz von Lüftungsanlagen sind die Vorschriften der Landesbauordnungen und der bauaufsichtlichen Richtlinien über brandschutztechnische Anforderungen an Lüftungsanlagen.

Maßnahmen zur Lüftung von Batterieräumen sind zwecks Abführung von Gasen auch dann erforderlich, wenn die Batterien geschlossene Zellen mit Verschlußstopfen an den Öffnungen oder verschlossene Zellen haben (Dimensionierung der Lüftung siehe DIN VDE 0510 Teil 2).

Zu 4.2 [Kabel- und Leitungsanlagen in Rettungswegen]

1. Dieser Festlegung liegt die bauliche Brandschutzvorschrift der Landesbauordnungen zugrunde, daß die Rettungswege in Gebäuden – hier die Treppenräume und deren Ausgänge ins Freie sowie die allgemein zugänglichen Flure – grundsätzlich von brennbaren Stoffen in Form von Einbauten, Wand- und Deckenverkleidungen usw. freigehalten werden müssen. Hierdurch soll sichergestellt werden, daß im Fall eines Brandes die Rettungswege von dem Brand möglichst nicht erfaßt werden und diese Wege möglichst lange zur Rettung von Menschen und Tieren und der Feuerwehr als sicherer Brandangriffsweg zur Verfügung stehen. Außerdem soll hierdurch der Entstehung eines Brandes in den Rettungswegen selbst – auch durch Brandstiftung – wirksam vorgebeugt werden.

In den vergangenen Jahren bestand sowohl bei den am Bau Beteiligten als auch bei den Behördenstellen vielfach Unsicherheit darüber, ob und inwieweit diese Vorschrift auch auf Leitungsanlagen aller Art zu beziehen ist. Das führte von Fall zu Fall zu teilweise höchst unterschiedlichen Vorstellungen über die einzuhaltenden Mindestanforderungen.

Dies veranlaßte die ARGEBAU zur Erarbeitung und Verabschiedung des Musters für Richtlinien über brandschutztechnische Anforderungen an Leitungsanlagen – im folgenden Leitungsrichtlinien genannt –, in denen in Abschnitt 2 die vorgenannte Brandschutzvorschrift für bestimmte Leitungsanlagen konkretisiert wird. Hierzu gehören auch elektrische Kabel- und Leitungsanlagen. Einzelne Bundesländer haben diese Leitungsrichtlinien bereits insgesamt oder zum Teil in Landesregelungen umgesetzt.

Zur Frage der Beachtung der Leitungsrichtlinien wird auf die Erläuterungen zu DIN VDE 0108 Teil 1, Abschnitt 4, hingewiesen.
2. Die Leitungsrichtlinien gelten für bauliche Anlagen aller Art, d. h. auch für alle baulichen Anlagen nach DIN VDE 0108. Sie sind nicht nur bei Neubauten, sondern auch bei der Neuinstallation von Leitungsanlagen in bestehenden Gebäuden zu beachten. Bei Änderungen oder Ergänzungen vorhandener Leitungsanlagen muß von der Bauherrenseite von Fall zu Fall und unter Umständen mit Beteiligung der zuständigen Bauaufsichtsbehörden geprüft werden, ob entsprechende Brandschutzmaßnahmen unter Einbeziehung der vorhandenen Leitungsanlagen erforderlich sind.
3. Für die elektrischen Leitungsanlagen (Leitungen einschließlich Befestigungen, Hausanschlußeinrichtungen, Meßeinrichtungen, Steuer- und Regeleinrichtungen, Verteiler – siehe Abschnitt 1.2 der Leitungsrichtlinien) in Rettungswegen sind die Abschnitte 2.1 und 2.2 der Leitungsrichtlinien maßgebend. Zur redaktionellen Vereinfachung werden auch Kabel als Leitungen im Sinne der Leitungsrichtlinien bezeichnet.
Behandelt werden nur die Rettungswegarten
– Treppenräume und ihre Ausgänge ins Freie sowie
– allgemein zugängliche Flure.
Das schließt nicht aus, daß auch bei anderen Rettungswegen (siehe DIN VDE 0108 Teil 1, Abschnitt 2.1.9) von Fall zu Fall die Anforderungen sinngemäß erfüllt werden müssen, sofern das von der Bauaufsichtsbehörde von der Sachlage her für erforderlich gehalten wird.
Berücksichtigt zu werden brauchen nur die Treppenräume **notwendiger** Treppen. Welche Treppen des Gebäudes notwendig sind, ergibt sich aus den Vorschriften der Landesbauordnungen. Im allgemeinen kann zwar davon ausgegangen werden, daß nicht mehr Treppen bzw. Treppenräume vorgesehen werden als erforderlich sind, aber in bestimmten Fällen werden z. B. aus Gründen der gebäudeinternen Verkehrsabwicklung weitere Treppen eingebaut, die den Anforderungen der Leitungsrichtlinien nicht zu unterliegen brauchen.
Unter allgemein zugänglichen Fluren werden in den Landesbauordnungen und in den Leitungsrichtlinien Flure verstanden, an deren bauliche Beschaffenheit (Abmessungen, Wände, Decken, Türen, Einbauten, Verkleidungen, Fußböden) bestimmte Brandschutzanforderungen gestellt werden. Die Frage, ob die Flure im Sinne des Wortes »allgemein« der Allgemeinheit, den Besuchern, den Beschäftigten usw. generell zugänglich sind oder demgegenüber nur einem beschränkten Personenkreis, ist hierfür also nicht ausschlaggebend. Da der Begriff »allgemein zugänglicher Flur« nur in einzelnen Bundesländern allgemein definiert wurde und auch im Einzelfall eine Zuordnung der Gebäudeflure in diesem Sinne nicht immer eindeutig möglich ist, empfiehlt sich hierzu eine rechtzeitige Abstimmung mit der zuständigen Bauaufsichtsbehörde.
4. Die ARGEBAU ist bei der Erarbeitung der Abschnitte 2.1 und 2.2 der Leitungsrichtlinien davon ausgegangen, daß ein totales Verbot der offenen Verlegung der Leitungsanlagen in den Rettungswegen weder praxis- noch sachgerecht ist und daß zur Vermeidung von in vielen Fällen überzogenen

Anforderungen die Art des Rettungsweges, die Größe der Brandlast und die Nutzungsart des Gebäudes berücksichtigt werden müssen. Das hat jedoch zwangsläufig zu einem recht differenzierten Anforderungsprofil geführt. Die – unter Umständen recht kostenintensiven – Brandschutzmaßnahmen können jedoch dadurch von vornherein vermieden werden, daß die Rettungswege für die Elektroinstallation möglichst weitgehend, insbesondere für die Haupttrassenführung, nicht in Anspruch genommen werden. Auch in dieser Hinsicht empfiehlt es sich, die Brandschutzkonzeption bereits im Planungsstadium mit allen betroffenen Stellen abzustimmen und die insgesamt gesehen optimale Lösung zu finden.

Der Grundsatz, daß von Regeln der Technik abgewichen werden darf, wenn die Schutzziele dieser Regeln auch auf andere Weise erreicht werden, gilt auch für die Abschnitte 2.1 und 2.2 der Leitungsrichtlinien. So kann z. B. die Sprinklerung einer Leitungstrasse in einem allgemein zugänglichen Flur unter Umständen einen gewissen Ausgleich für verminderte bauliche Brandschutzanforderungen darstellen. Hierüber sollte jedoch stets eine Abstimmung mit der zuständigen Bauaufsichtsbehörde erfolgen.

5. Im folgenden werden zu den Einzelanforderungen der Abschnitte 2.1 und 2.2 der Leitungsrichtlinien einige Hinweise und Erläuterungen gegeben.

   5.1 Eingriff der Leitungsanlagen in Wände und Decken der Rettungswege und in Bauteile der Installationsschächte und -kanäle (Abschnitt 2.1.1)

   Die jeweilige Feuerwiderstandsdauer der Wände und Decken der Rettungswege ergibt sich aus den bauordnungsrechtlichen Vorschriften der Länder. Diese Vorschriften sind nicht immer deckungsgleich. Da die Mindestdicke des verbleibenden Querschnitts außerdem von der Bauart und den verwendeten Baustoffen der Wände und Decken abhängig ist, empfiehlt es sich, zu dieser Frage einen hochbautechnischen Fachmann und im Zweifelsfall die Bauaufsichtsbehörde hinzuzuziehen. Eine Reihe von Beispielen für feuerhemmende (Feuerwiderstandsdauer 30 Minuten) und feuerbeständige (Feuerwiderstandsdauer 90 Minuten) Wände und Decken ist in der DIN 4102 Teil 4 zusammengestellt. Bei Installationsschächten und -kanälen kann davon ausgegangen werden, daß die Wandungen im allgemeinen nicht überdimensioniert sind, so daß ein Eingreifen in diese Wandungen nicht zulässig ist.

   5.2 Sicherheitstreppenräume (Abschnitt 2.1.2)

   Sicherheitstreppenräume – sie sind im allgemeinen nur in Hochhäusern anzutreffen – sind besondere Treppenräume, die baulich so beschaffen sind, daß Feuer und Rauch nicht in sie eindringen können. In den bauordnungsrechtlichen Vorschriften der Länder werden Sicherheitstreppenräume gefordert, wenn anstelle der grundsätzlich notwendigen, zwei voneinander unabhängigen Rettungswege aus dem Gebäude ins Freie (zwei Treppen oder eine Treppe und ein anderer gleichwertiger Rettungsweg, wie z.B. von außen anleiterbare Fenster) nur ein Rettungsweg vorgesehen werden soll. Der in diesen Fällen erforderliche Sicherheitstreppenraum unterliegt besonders hohen Brandschutzanforderungen. Hierzu gehört auch, daß Leitungen aller Art und Installationsschächte in Sicherheitstreppenräumen nicht zulässig sind; ausgenommen sind nur die dem unmittelbaren Betrieb des Sicherheitstreppenraumes und der Brandbekämpfung dienenden Leitungsanlagen.

5.3 Hausanschluß- und Meßeinrichtungen und Verteiler in Rettungswegen (Abschnitt 2.2.1)

Hausanschlußeinrichtungen, Meßeinrichtungen (z.B. Zählerplätze) und Verteiler dürfen generell in Treppenräume und ihre Ausgänge ins Freie oder in allgemein zugängliche Flure eingebaut werden, wenn sie gegenüber dem Luftraum des Rettungsweges durch Bauteile aus nichtbrennbaren Baustoffen (Baustoffklasse A nach DIN 4102 Teil 1) abgetrennt sind (zugehörige Kabel und Leitungen siehe jedoch Abschnitt 2.2.2 der Leitungsrichtlinien). Sie können sowohl auf den Wänden als auch ganz oder teilweise in die Wände eingesenkt installiert werden; im letzteren Fall ist jedoch Abschnitt 2.1.1 der Leitungsrichtlinien zu beachten. Die abgrenzenden Bauteile dürfen keine Öffnungen haben.

Die Anforderung wird z B. erfüllt, wenn die Betriebsmittel in einem allseitig geschlossenen Stahlblechschrank untergebracht sind. Eine Umkleidung der auf der Wand installierten Betriebsmittel mit einem zur Wand offenen, an die Wand dicht angeschlossenen Kasten aus nichtbrennbaren Baustoffen ist ebenfalls möglich. Für Verteiler bietet sich auch der Einbau in die Wand mit putzbündigen Zugangstüren oder -klappen aus nichtbrennbaren Baustoffen (z.B. Stahlblech) an.

Für Verteiler, die der Stromversorgung notwendiger Sicherheitseinrichtungen (Sicherheitsstromversorgung) dienen, reichen die vorstehenden Brandschutzmaßnahmen jedoch nicht aus, da der erforderliche Funktionserhalt entsprechend DIN VDE 0108 Teil 1, Abschnitt 4.4, nur mit höherwertigen Brandschutzmaßnahmen erreichbar ist (siehe hierzu Erläuterungen zu diesem Abschnitt).

Sofern die zu den Hausanschlußeinrichtungen, Meßeinrichtungen und Verteilern führenden Kabel und Leitungen in Installationsschächten oder -kanälen nach Abschnitt 2.2.2 der Leitungsrichtlinien verlegt werden, muß darauf geachtet werden, daß die Einrichtungen oder Verteiler den Schacht oder Kanal brandschutztechnisch gesehen nicht schwächen. Wird z.B. ein Verteiler derart mit einem Installationsschacht kombiniert, daß der Verteiler die Schachtwandung unterbricht, d.h. daß zwischen Schacht und Verteiler eine Öffnung besteht, so muß die Schwächung des Schachtes an dieser Stelle durch eine gleichwertige brandschutztechnische Abtrennung des Verteilers gegenüber dem Rettungsweg ausgeglichen werden, bei einer

Feuerwiderstandsdauer des Schachtes von 90 Minuten also durch Bauteile, die ebenfalls eine Feuerwiderstandsdauer von 90 Minuten haben.

5.4 Kabel und Leitungen in Rettungswegen (Abschnitte 2.2.2 bis 2.2.2.2)

Die in Abschnitt 2.2.2, Satz 1, genannten Verlegungsarten sind hinsichtlich ihrer brandschutztechnischen Qualität als gleichwertig anzusehen.
Die Erleichterung für Leitungen mit brennbaren Stoffen nach Abschnitt 2.2.2, Satz 2, kann nur für Leitungen in Anspruch genommen werden, die **ausschließlich** dem Betrieb des Rettungsweges dienen, wie z. B. Endstromkreisleitungen für die Rettungswegbeleuchtung. Nichtbrennbare Leitungen sind z. B. mineralisolierte Leitungen mit Metallmantel nach DIN VDE 0284. Die »begrifflich« zu den Leitungen gehörenden Befestigungsmittel müssen ebenfalls aus nichtbrennbaren Stoffen bestehen. Darüber hinaus dürfen die in Abschnitt 2.2.3.3 aufgeführten Leitungen unter den dort genannten Voraussetzungen ebenfalls in Rettungswegen offen verlegt werden.

5.4.1 Verlegung im Putz

Im Putz verlegte Leitungen sind nur dann vom Rettungsweg ausreichend abgetrennt, wenn sie **einzeln** voll eingeputzt sind, d. h., wenn sich zwischen je zwei Leitungen eine Putzschicht von mindestens mehreren Millimetern Dicke befindet und die Leitungen auch gegenüber dem Rettungsweg mit Putz abgedeckt sind.

5.4.2 Verlegung in Installationsschächten bzw. -kanälen

Installationsschächte bzw. -kanäle müssen den in **Tabelle A–1** genannten Brandschutzanforderungen genügen.
Hierzu werden folgende Hinweise und Erläuterungen gegeben:
a) Die erforderlichen brandschutztechnischen Eigenschaften der Installationsschächte bzw. -kanäle werden zusammenfassend gekennzeichnet durch die erforderliche Feuerwiderstandsdauer dieser Bauteile. Was unter der Feuerwiderstandsdauer verstanden wird, ist in der Normenreihe DIN 4102 im einzelnen festgelegt. Danach ist die Feuerwiderstandsdauer die Mindestdauer in Minuten, während der bei einem bestimmten, in der DIN 4102 normierten Brandversuch eine Übertragung von Feuer und Rauch über diese Bauteile nicht stattfindet.
Die Anforderung an die Feuerwiderstandsdauer der Schächte und Kanäle bezieht sich auch auf deren Abschlüsse von Revisions- und Nachbelegungsöffnungen, d. h., diese Abschlüsse müssen dieselbe Feuerwiderstandsdauer wie die Schächte bzw. Kanäle selbst haben.

Tabelle A–1. Brandschutzanforderungen an Installationsschächte bzw. -kanäle und Unterdecken in Rettungswegen

Installationsschächte bzw. -kanäle und Unterdecken	Brandschutzanforderungen
1. Schächte, Kanäle und Unterdecken in Treppenräumen und deren Ausgänge ins Freie sowie Schächte, die Geschoßdecken überbrücken, in allgemein zugänglichen Fluren	Feuerwiderstandsdauer mindestens 90 Minuten, nichtbrennbare Baustoffe
2. Schächte, die keine Geschoßdecken überbrücken, Kanäle und Unterdecken in allgemein zugänglichen Fluren – bei einer Gesamtbrandlast der Leitungen von mehr als 7 kWh je m^2 Flurgrundfläche (herkömmliche Leitungen) bzw. von mehr als 14 kWh je m^2 Flurgrundfläche (ausschließlich halogenfreie Leitungen mit verbessertem Verhalten im Brandfall)	Feuerwiderstandsdauer mindestens 30 Minuten, nichtbrennbare Baustoffe
– bei einer Gesamtbrandlast der Leitungen bis 7 bzw. 14 kWh je m^2 Flurgrundfläche	Keine Feuerwiderstandsdauer, jedoch Ausführung aus Stahlblech oder aus anderen nichtbrennbaren Baustoffen mit geschlossenen Oberflächen
3. Kanäle im Fußbodenestrich (estrichüberdeckt oder estrichbündig)	Kanäle einschl. der Abschlüsse von Öffnungen aus nichtbrennbaren Baustoffen; Abschlüsse mit umlaufender Dichtung gegen Rauchaustritt

b) Folgende Installationsschächte bzw. -kanäle haben die erforderliche Feuerwiderstandsdauer:
- Schächte und Kanäle einschließlich der Abschlüsse der Revisionsöffnungen der Feuerwiderstandsklasse I 90 bzw. I 30 nach DIN 4102 Teil 11:
  • Die Feuerwiderstandsklasse I 90 bzw. I 30 muß durch ein Prüfzeugnis (Typprüfung) nachgewiesen sein, das von einer von den Bauaufsichtsbehörden anerkannten Prüfstelle ausgestellt ist; diese Prüfstellen werden in einem Verzeichnis beim Deutschen Institut für Bautechnik, Reichpietschufer 74–76; 1000 Berlin 30, geführt; Bestätigungen des Herstellers reichen nicht aus,
  • in der DIN 4102 Teil 11 werden drei Arten von Installationsschächten unterschieden (siehe Abschnitt 2.3 der Norm); verwendet werden dürfen nur Schächte, die entweder für beliebige Installationen oder als Elektroinstallationsschächte geprüft und klassifiziert sind (siehe Hinweise in den Prüfzeugnissen),

- Installationskanäle nach dieser Norm sind generell für die Umhüllung von Elektroinstallationen geeignet (siehe Abschnitt 2.4 der Norm);
  Hinweis:
  Elektroinstallationskanäle nach DIN VDE 0604 und Unterflur-Elektroinstallationskanäle nach DIN VDE 0634 erfüllen die Anforderungen nach DIN 4102 Teil 11 nicht;
- die Prüfzeugnisse enthalten, zugeschnitten auf das jeweilige Fabrikat, genaue Festlegungen über den erforderlichen Aufbau der Schächte bzw. Kanäle, den Einbau in das Gebäude, gegebenenfalls Verwendungseinschränkungen usw., die im Einzelfall eingehalten werden müssen.
- Schächte und Kanäle nach DIN 4102 Teil 4, Abschnitt 7.4:
  Weitere Eignungsnachweise sind nicht erforderlich, wenn die in diesem Abschnitt dieser Norm aufgeführten jeweiligen bautechnischen Festlegungen eingehalten werden. Hingewiesen wird auf folgende Einzelpunkte:
  - Die Abschlüsse von Revisionsöffnungen in den Schacht- und Kanalwänden müssen dieselbe Feuerwiderstandsdauer wie die Schacht- bzw. Kanalwände haben,
  - Schächte für elektrische Kabel und Leitungen müssen entweder in Höhe jeder Decke einen mindestens 200 mm dicken Mörtelverguß haben, oder die Kabel und Leitungen müssen am Eintritt in den Schacht oder Kanal jeweils durch Abschottungen brandschutztechnisch gesichert werden (zu den Anforderungen an diese Abschottungen siehe Erläuterungen zu DIN VDE 0108 Teil 1, Abschnitt 4.3).

c) Grundlage für die Berechnung der Gesamtbrandlast der jeweils in den Fluren installierten Leitungen sind die vom Verband der Sachversicherer e. V. herausgegebenen Tabellen (VdS 2134) über die Verbrennungswärme der Isolierstoffe von Kabeln und Leitungen – Merkblatt für die Berechnung von Brandlasten (siehe Anlage 1 der Leitungsrichtlinien). Dieses Merkblatt enthält für diverse Kabel- und Leitungstypen Rechenwerte für die Verbrennungswärme, bezogen auf 1 m Länge. Es fehlen jedoch eine ganze Reihe von in der Praxis verwendeten Leitungstypen vor allem im Bereich der Informations- und Kommunikationstechnik. Daher wird zur Zeit an einer Aktualisierung und wesentlichen Erweiterung dieser Zusammenstellung gearbeitet.
Werte für die Verbrennungswärme sind zum Teil auch in den DIN-VDE-Normen für Kabel und Leitungen enthalten.

d) Die Werte 7 bzw. 14 kWh je m² Flurgrundfläche sind **nicht** als rechnerische **Mittelwerte**, bezogen auf die Gesamtfläche des Flurs, zu verstehen. Gemeint ist vielmehr, daß die Gesamtbrandlast jeder Teilfläche von 1 m² Größe des Flurs diese Grenzwerte nicht

überschreiten darf, wobei es für vertretbar gehalten wird, auch größere Teilflächeneinheiten von bis zu 5 m² zu wählen mit einer Gesamtbrandlast von dann bis zu 35 bzw. 70 kWh.
Hieraus folgt, daß bei wechselnder Brandlast längs eines Flures unter Umständen wechselnde Brandschutzmaßnahmen ergriffen werden müssen, wenn nicht aus Zweckmäßigkeitsgründen eine für den gesamten Flur einheitliche, d. h. die höherwertige Maßnahme durchgeführt werden soll. Hierbei sollten auch mögliche spätere Nachinstallationen berücksichtigt werden.
In die Berechnung der Gesamtbrandlast müssen auch diejenigen Leitungen einbezogen werden, die ausschließlich dem Betrieb des Rettungsweges dienen und entsprechend Abschnitt 2.2.2, Satz 2, der Leitungsrichtlinien brandschutztechnisch ungeschützt verlegt werden dürfen.

e) Bei **ausschließlicher** Verwendung halogenfreier Leitungen mit verbessertem Verhalten im Brandfall, d.h. Mantelleitungen nach DIN VDE 0250 Teil 214, Kabel nach DIN VDE 0266 oder Installationskabel und -leitungen mit derartigen Eigenschaften nach DIN VDE 0815, ist die Verdoppelung des Brandlastgrenzwertes von 7 auf 14 kWh je m² Flurgrundfläche gerechtfertigt, weil sich diese Kabel und Leitungen im Fall eines Brandes vor allem wegen der nur geringen Rauchentwicklung und der bei einem begrenzten Brand nur geringen Brandfortleitungsgeschwindigkeit längs der Leitungstrasse gegenüber herkömmlichen Leitungen erheblich günstiger verhalten. Dabei ist jedoch zu bedenken, daß auch bei eventuellen späteren Ergänzungsinstallationen nur halogenfreie Leitungen mit verbessertem Verhalten im Brandfall verwendet werden dürfen.

f) Befinden sich im Flur neben elektrischen Leitungen auch Rohrleitungen nach Abschnitt 2.3 der Leitungsrichtlinien, so muß deren Brandlast in die Ermittlung der Gesamtbrandlast einbezogen werden.
Diesbezügliche Berechnungsgrundlagen sind den Leitungsrichtlinien als Anlage 2 beigefügt. Ein Bonus für halogenfreie elektrische Leitungen mit verbessertem Verhalten im Brandfall ist in diesen Fällen nicht möglich.

g) In allgemein zugänglichen Fluren brauchen die Installationsschächte bzw. -kanäle keine Feuerwiderstandsdauer zu haben, wenn die Gesamtbrandlast der Leitungen **nicht mehr** als 7 bzw. 14 kWh je m² Flurgrundfläche beträgt. Sie müssen jedoch mindestens aus Stahlblech mit geschlossenen Oberflächen bestehen; es bestehen keine Bedenken, wenn anstelle von Stahlblech Bauteile aus anderen nichtbrennbaren Baustoffen und mit geschlossenen Oberflächen verwendet werden. Als weitere Installationsmöglichkeit ist die Führung der Leitungen in Installationsrohren aus Stahl und anderen nichtbrennbaren Baustoffen zulässig. Die vorstehenden Erleichterungen gelten jedoch nicht für Installationsschächte, die Geschoßdecken überbrücken; derartige Schächte müssen auch bei Einhaltung der genannten Brandlastgrenzwerte eine Feuerwiderstandsdauer von 90 Minuten haben.

h) Ergibt die Berechnung der Brandlast, daß die Grenzwerte 7 bzw. 14 kWh je m² Flurgrundfläche nicht überschritten werden, so sollte in jedem Fall geprüft werden, ob mit späteren Nachinstallationen, verbunden mit einer Überschreitung dieser Grenzwerte, zu rechnen ist. Es ist selbstverständlich, daß in derartigen Fällen die höherwertigen Brandschutzmaßnahmen nachgerüstet werden müssen, und es dürfte in vielen Fällen insgesamt gesehen zweckmäßiger sein, diese Maßnahmen von vornherein durchzuführen.

i) Eine weitere, in den Leitungsrichtlinien noch nicht behandelte Möglichkeit für eine ausreichende brandschutztechnische Abtrennung der Leitungen vom eigentlichen Rettungsweg ist die Verwendung von Fußboden-Installationskanälen. Brandschutztechnische Bedenken bestehen nicht, wenn die Installationskanäle im Fußbodenestrich (estrichüberdeckt oder estrichbündig) eingebaut werden, die Kanäle einschließlich der Abschlüsse der Öffnungen aus nichtbrennbaren Baustoffen bestehen und die Abschlüsse allseitig umlaufende Dichtungen gegen Rauchaustritt haben.

5.4.3 Verlegung über Unterdecken

Die Unterdecken müssen den in Tabelle A–1 genannten Brandschutzanforderungen genügen.

Hierzu werden folgende Hinweise und Erläuterungen gegeben:

a) Die erforderliche Feuerwiderstandsdauer muß in beiden Richtungen, d. h. bei einer Brandbeanspruchung sowohl aus dem Deckenhohlraum als auch von unten gewährleistet sein. Dies gilt auch für die Abschlüsse der Revisions- und Nachbelegungsöffnungen und für Deckeneinbauleuchten.

b) Die Unterdecken müssen die Feuerwiderstandsdauer als **selbständiges** Bauteil erbringen, d. h., sie müssen als Unterdecke allein ohne Rohdecke klassifiziert und mindestens der Feuerwiderstandsklasse F 90-A bzw. F 30-A nach DIN 4102 Teil 2 zugeordnet sein. Der Nachweis ist wiederum durch ein Prüfzeugnis (Typprüfung) einer anerkannten Prüfstelle zu führen, das unter anderem Festlegungen über die Verwendung und den Einbau der Unterdecke enthält.

c) Im Hinblick auf spätere Revisionen und Nachinstallationen sollte eine Bauart gewählt werden, bei der sichergestellt ist, daß auch ein mehrfaches Öffnen der Unterdecke keine negativen Auswirkungen auf deren Brandschutzeigenschaften hat.

d) Die Hinweise und Erläuterungen unter Nr. 5.4.2 Buchstaben a) und c) bis h) gelten entsprechend.

5.5 Erleichterungen (Abschnitt 2.2.3)

Nach Abschnitt 2.2.3 der Leitungsrichtlinien sind in bestimmten Fällen gewisse Erleichterungen gegenüber den Festlegungen des Abschnittes 2.2.2 zulässig. Sie sind jedoch im wesentlichen auf Wohn- und Bürogebäude bezogen, die keine Hochhäuser sind und deren Wohnungen oder andere Nutzungseinheiten (z. B. Arztpraxen, Büros, Werkstätten) jeweils eine Grundfläche von nicht mehr als 100 m^2 haben, d. h., diese Erleichterungen kommen für die in den Geltungsbereich der DIN VDE 0108 fallenden baulichen Anlagen, ausgenommen Arbeitsstätten nach §7 Absatz 4 der Arbeitsstättenverordnung, im allgemeinen nicht in Betracht. Lediglich Abschnitt 2.2.3.3 gilt für bauliche Anlagen aller Art unterhalb der Hochhausgrenze; gedacht wurde in erster Linie an die Nachrüstung derartiger Leitungen in bestehenden Wohngebäuden.

Auf diese Regelungen soll daher an dieser Stelle nicht weiter eingegangen werden.

Zu 4.3 [Führung von Kabeln und Leitungen durch Wände und Decken]

1. Die Landesbauordnungen sowie die Verordnungen über Sonderbauten schreiben vor, daß bestimmte Wände und Decken der Gebäude brandsicher hergestellt werden müssen. Das Anforderungsniveau ist abhängig von der Gebäudehöhe und -nutzung. Es wird grundsätzlich unterschieden zwischen
   – Brandwänden, d. h. Wänden mit einer Feuerwiderstandsdauer von mindestens 90 min und einer erhöhten Stoßfestigkeit,
   – feuerbeständigen Wänden und Decken, d. h. Wänden und Decken mit einer Feuerwiderstandsdauer von mindestens 90 min, und
   – feuerhemmenden Wänden und Decken, d. h. Wänden und Decken mit einer Feuerwiderstandsdauer von mindestens 30 min.
   Prüfmaßstab sind die verschiedenen Normenteile aus der Normenreihe DIN 4102 – Brandverhalten von Baustoffen und Bauteilen. Mit diesen Anforderungen sollen für den Fall eines Brandes zwei Schutzziele erreicht werden:
   – Gewährleistung der Standsicherheit dieser Wände und Decken über einen Zeitraum von mindestens 30 bzw. 90 min,
   – Begrenzung des Brandes für 30 bzw. 90 min auf den Brandabschnitt, in dem der Brand entstanden ist (brandschutztechnischer Raumabschluß).
2. Werden Leitungen durch Wände und Decken geführt, die einen brandschutztechnischen Raumabschluß gewährleisten sollen, so müssen an den Stellen der Leitungsdurchführungen grundsätzlich bauliche Maßnahmen getroffen werden, die einer brandschutztechnischen Schwächung der Wände und Decken

entgegenwirken. In Abschnitt 3 des Musters für Richtlinien über brandschutztechnische Anforderungen an Leitungsanlagen – im folgenden Leitungsrichtlinien genannt – wird darauf verwiesen, daß entsprechend den Vorschriften der Musterbauordnung (MBO) bei Brandwänden, Treppenraumwänden sowie Trennwänden und Decken, die feuerbeständig sein müssen, Vorkehrungen gegen eine Übertragung von Feuer- und Rauch getroffen werden müssen, die die erforderliche Feuerwiderstandsdauer der Wände und Decken auch im Bereich der Leitungsdurchführungen gewährleisten.

Da die bauordnungsrechtlichen Vorschriften der Länder über die diesbezüglichen Wand- und Deckenanforderungen in Einzelpunkten voneinander abweichen können, empfiehlt sich hierzu eine möglichst frühzeitige Abstimmung mit Hochbaufachleuten und mit der Bauaufsichtsbehörde (siehe auch Randbalken zu DIN VDE 0108 Teil 1, Abschnitt 4.3). So wird z. B. in einzelnen Bundesländern verlangt, daß derartige Brandschutzmaßnahmen nicht nur bei feuerbeständigen, sondern auch bei bestimmten feuerhemmenden Wänden und Decken erforderlich sind.

Zur Frage der Beachtung der Leitungsrichtlinien wird auf die Erläuterungen zu DIN VDE 0108 Teil 1, Abschnitt 4, hingewiesen.

3. Die Leitungsrichtlinien behandeln im Abschnitt 3 zwei Möglichkeiten, mit denen eine Übertragung von Feuer und Rauch im Bereich von Leitungsdurchführungen verhindert werden kann:
   – Leitungsführung innerhalb von Installationsschächten bzw. -kanälen (Abschnitt 3.1 der Leitungsrichtlinien),
   – Absicherung der Wand- oder Deckenöffnungen für die Leitungsdurchführung durch Abschottungen (Abschnitt 3.2 der Leitungsrichtlinien).

   a) Installationsschächte bzw. -kanäle
   Die Feuerwiderstandsdauer der Installationsschächte bzw. -kanäle muß einschließlich der Abschlüsse von Öffnungen derjenigen der genannten Wände und Decken entsprechen. Die in den Erläuterungen zu DIN VDE 0108 Teil 1, Abschnitt 4.2, gegebenen Hinweise über Installationsschächte und -kanäle gelten sinngemäß auch für die hier behandelten Schächte und Kanäle.

   b) Abschottungen für einzelne Leitungen
   Werden frei verlegte Leitungen einzeln durch die Wand oder Decke geführt, so genügt es, wenn der verbleibende Raum zwischen der Leitung und dem umgebenden Wand- bzw. Deckenbauteil vollständig, d. h. auch in gesamter Dicke der Wand bzw. Decke, mit einem nichtbrennbaren und formbeständigen Baustoff ausgefüllt wird. Für Wände und Decken aus mineralischen Baustoffen (Mauerwerk, Stahlbeton) bietet sich als Verschlußbaustoff Mörtel oder Beton an.
   Bei Ständerwandkonstruktionen (z. B. Metallständer mit beidseitiger Wandbeplankung) kommen derartige Maßnahmen jedoch nicht in Betracht, wenn die Leitungen im Bereich der Wandhohlräume geführt wer-

den sollen; in diesen Fällen sind demzufolge nur Installationskanäle oder Abschottungen gemäß c) möglich.
Abschottungen der vorgenannten Art sind auch bei mehreren Leitungen möglich, wenn jede der Leitungen für sich dementsprechend eingebaut wird und zwischen zwei benachbarten Leitungen jeweils die ursprüngliche Wand oder Decke in einer Breite von mindestens dem fünffachen des Leitungsdurchmessers oder mindestens 5 cm erhalten bleibt.
Wird für die Durchführung der Leitung eine Wand- bzw. Deckenöffnung gebohrt, so muß der Durchmesser der Bohrung so gewählt werden, daß genügend Freiraum verbleibt, um den Restquerschnitt vollständig ausfüllen zu können.

c) Abschottungen für Leitungsbündel
Sollen mehrere Leitungen durch eine gemeinsame Wand -bzw. Deckenöffnung geführt werden, so müssen besondere Abschottungsmaßnahmen ergriffen werden, um die erforderliche Feuerwiderstandsdauer zu erreichen. Die Brauchbarkeit der jeweils gewählten Abschottung, d.h. deren Feuerwiderstandsklasse, muß besonders nachgewiesen sein. In der Regel führt der Hersteller der Abschottungsbauart und des Abschottungsmaterials diesen Nachweis durch eine »allgemeine bauaufsichtliche/baurechtliche Zulassung« des Deutschen Instituts für Bautechnik (DIBt), Berlin. Ein Prüfzeugnis einer anerkannten Prüfstelle aufgrund einer Prüfung nach der DIN 4102 Teil 9 – Brandverhalten von Baustoffen und Bauteilen; Kabelabschottungen; Begriffe, Anforderungen und Prüfungen – reicht als Nachweis nicht aus (siehe Fußnote 1 der DIN 4102 Teil 9).
Auf dem Baumarkt wird eine Vielzahl unterschiedlicher Abschottungsbauarten verschiedener Hersteller angeboten, deren Brauchbarkeit, d.h. deren Feuerwiderstandsklasse F 90 bzw. S 90 nach DIN 4102 durch eine – stets zeitlich befristete – allgemeine bauaufsichtliche Zulassung des DIBt nachgewiesen ist. Dementsprechend vielfältig sind die Aufbauten der Abschottungen und die hierfür verwendeten Materialien, die in den »Besonderen Bestimmungen« des jeweiligen Zulassungsbescheides beschrieben sind. Für den Planer und Errichter der Abschottungen kommt es entscheidend darauf an, den Zulassungsbescheid der von ihm gewählten Abschottungsbauart heranzuziehen und die besonderen Bestimmungen dieses Bescheides in allen Einzelpunkten bei der Planung und Ausführung einzuhalten bzw. anhand der Festlegungen in den verschiedenen Zulassungsbescheiden diejenige Abschottungsbauart auszuwählen, die den übrigen bautechnischen Vorgaben am besten angepaßt ist.
Die Zulassungsbescheide des DIBt gehen in ihren besonderen Bestimmungen insbesondere auf folgende Aspekte ein:
– Festlegung und Eingrenzung der für den Einbau der Abschottung geeigneten Wand- und Deckenbauarten (z.B. Wände aus Mauerwerk, Wände und Decken aus Beton oder Stahlbeton, jeweils mit bestimmter Mindestdicke); viele Abschottungsbauarten sind z.B. nicht geeignet für

den Einbau in Decken, deren Zuordnung in eine Feuerwiderstandsklasse nach DIN 4102 nur mit Hilfe einer feuerwiderstandsfähigen Unterdecke möglich ist, oder für den Einbau in leichte Trennwände,
- Angaben über die Kabel- und Leitungsarten, die durch die Abschottungen hindurchgeführt werden dürfen; in einigen Fällen können hinsichtlich der Bauart und der Größe des Gesamtleiterquerschnitts des einzelnen Kabels Beschränkungen gegeben sein,
- Festlegung der Bedingungen, unter denen Kabel- und Leitungstragekonstruktionen, wie Kabelrinnen, -pritschen und -leitern, durch die Abschottung mit hindurchgeführt werden dürfen,
- maximal zulässige Abmessungen der Wand- bzw. Deckenöffnungen, die mit der Abschottung verschlossen werden sollen,
- Anordnung der einzelnen Kabel und Leitungen in den Rohbauöffnungen, Abstände der Kabel und Leitungen sowie der Leitungslagen untereinander und zu den Laibungen der Rohbauöffnungen,
- Angaben über die Materialien, die für den Aufbau der Abschottung verwendet werden müssen,
- detaillierte Festlegungen über die Art und den Ablauf des Einbaus der Abschottungen,
- Möglichkeiten von Nachinstallationen z. B. durch Einbau bestimmter Paßstücke und Festlegung der erforderlichen Nachinstallationsmaßnahmen,
- Werksbescheinigung des Herstellers der Abschottungen für jedes Bauvorhaben, in der bestätigt werden muß, daß jede ausgeführte Abschottung den Bestimmungen des gültigen Zulassungsbescheides entspricht,
- dauerhafte Kennzeichnung jeder einzelnen Abschottung mit einem Schild, das unter anderem den Namen des Herstellers, die Zulassungsnummer und das Herstellungsjahr enthalten muß.

Die vorstehenden Angaben machen deutlich, daß sich Planer und Unternehmer sehr eingehend mit der Abschottungsproblematik befassen müssen und beim Einbau der Abschottungen sehr sorgfältig gearbeitet werden muß. Es ist daher dringend zu empfehlen, daß mit diesen Arbeiten nur Unternehmer beauftragt werden, die die vorgesehene Abschottungsbauart genau kennen und über Praxiserfahrungen verfügen.

Zu 4.4 [Funktionserhalt]

1. Mit dieser Festlegung werden die Anforderungen des Abschnittes 4 des Musters für Richtlinien über brandschutztechnische Anforderungen an Leitungsanlagen – im folgenden Leitungsrichtlinien genannt – aufgegriffen. Diesen Anforderungen liegt folgende Sicherheitskonzeption zugrunde:
Für die Gebäude werden in vielen Fällen bestimmte, auf den jeweiligen Einzelfall zugeschnittene Sicherheitseinrichtungen gefordert, die vor allem im Brandfall wirksam sein müssen und die Rettung von Menschen und Tieren sowie die

Durchführung von Löscharbeiten unterstützen und erleichtern sollen. Bei den in Betracht kommenden notwendigen Sicherheitseinrichtungen handelt es sich in erster Linie um die in Abschnitt 4.1 der Leitungsrichtlinien aufgeführten Anlagen, aber in besonderen Einzelfällen können auch andere Sicherheitseinrichtungen erforderlich werden. Der sichere Betrieb dieser Anlagen und Einrichtungen im Brandfall ist unter anderem nur dann gewährleistet, wenn die zugehörigen elektrischen Leitungsanlagen wie Kabel, Leitungen und Verteiler derart ausgeführt und installiert sind, daß sie bei einer unmittelbaren Brandeinwirkung von außen noch für eine ausreichende Zeitdauer voll funktionsfähig bleiben.

Zur Frage der Beachtung der Leitungsrichtlinien wird auf die Erläuterungen zu DIN VDE 0108 Teil 1, Abschnitt 4, hingewiesen.

2. In Abschnitt 4.1 der Leitungsrichtlinien ist die Mindestdauer des Funktionserhaltes der elektrischen Leitungsanlage mit 30 bzw. 90 min festgelegt. Ausschlaggebend für die jeweilige Zuordnung der genannten Sicherheitseinrichtungen zu den beiden Gruppen war, daß die für einen Funktionserhalt von mindestens 30 Minuten vorgesehenen Anlagen im wesentlichen nur während der Rettung von Menschen und Tieren erforderlich sind und die übrigen Anlagen auch während der Durchführung der Löscharbeiten wirksam bleiben müssen.

Ob die Einbeziehung der Brandmeldeanlagen in Maßnahmen für den Funktionserhalt über einen Zeitraum von 30 min in Abschnitt 4.1 der Leitungsrichtlinien sachgerecht ist, wird zur Zeit erneut überprüft.

3. Im folgenden wird erläutert, welche Brandschutzmaßnahmen an den elektrischen Leitungsanlagen zu einem Funktionserhalt im Sinne der Leitungsrichtlinien führen.

   3.1 Kabel und Leitungen

   Der Beurteilungsmaßstab für den Funktionserhalt der Kabel und Leitungen wurde in der im Januar 1991 herausgegebenen DIN 4102 Teil 12 »Brandverhalten von Baustoffen und Bauteilen; Funktionserhalt von elektrischen Kabelanlagen« festgelegt.

   a) Kabelanlagen im Sinne von DIN 4102 Teil 12 – hierunter werden neben den eigentlichen Kabeln und Leitungen auch deren Kanäle, Beschichtungen und Bekleidungen sowie deren Verbindungselemente, Tragevorrichtungen und Halterungen verstanden – erfüllen die Anforderungen an den Funktionserhalt, wenn sie nach dieser Norm geprüft und der Funktionserhaltsklasse
   – E 30 (Funktionserhalt mindestens 30 min) bzw.
   – E 90 (Funktionserhalt mindestens 90 min)
   zugeordnet sind.

   In der Norm werden folgende Maßnahmen zur Erzielung des Funktionserhaltes unterschieden:
   – Kanäle und Schächte für die Installation der Kabel und Leitungen,
   – Beschichtungen und Bekleidungen der Kabel und Leitungen,
   – Kabel- und Leitungsanlagen mit integriertem Funktionserhalt und
   – Schienenverteiler mit integriertem Funktionserhalt.

b) Die Funktionserhaltsklasse E 30 bzw. E 90 muß durch ein Prüfzeugnis (Typprüfung) nachgewiesen sein, das von einer von den Bauaufsichtsbehörden anerkannten Prüfstelle ausgestellt ist; diese Prüfstellen werden in einem Verzeichnis beim Deutschen Institut für Bautechnik, Reichpietschufer 74–76, 1000 Berlin 30, geführt. Unter Umständen müssen zur Beurteilung bestimmter Details, wie z. B. Eignung der verwendeten Materialien, weitere Nachweise erbracht werden, z. B. im Rahmen der Erteilung einer allgemeinen bauaufsichtlichen Zulassung (siehe Fußnote 2 der Norm). In dem Prüfzeugnis und gegebenenfalls in der Zulassung sind insbesondere folgende Einzelheiten festgelegt, die bei der Anwendung der geprüften Maßnahme in der Praxis genau einzuhalten sind:

- Beschreibung der Maßnahme (Aufbau usw.),
- gegebenenfalls Einbeziehung der Verbindungselemente (Muffen, Abzweige und ähnliches),
- Beschreibung der Tragekonstruktion mit Angaben über die maximal zulässige mechanische Belastbarkeit,
- gegebenenfalls Art und Verwendung von Beschichtungen und Bekleidungen,
- mechanisches Verhalten,
- verallgemeinernde oder einschränkende Angaben über die Gültigkeit der Klassifizierung.

c) Bei der Planung der Maßnahmen zum Funktionserhalt muß berücksichtigt werden, daß eine mögliche Funktionsbeeinträchtigung wegen eines Spannungsfalls, hervorgerufen durch temperaturbedingte Widerstandserhöhung der Leiter im Brandfall, von der Prüfung nach DIN 4102 Teil 12 nicht erfaßt wird.

d) Die Leitungen der notwendigen Sicherheitseinrichtungen müssen auch gegenüber unmittelbar benachbarten anderen elektrischen Leitungen brandschutztechnisch geschützt werden, d. h., die Leitungen der Sicherheitseinrichtungen dürfen z. B. nicht mit anderen Leitungen in einem gemeinsamen Schacht oder Kanal verlegt oder gemeinsam beschichtet oder bekleidet werden. Werden hierfür jedoch Leitungsanlagen mit integriertem Funktionserhalt verwendet, ist eine derartige brandschutztechnische Abtrennung nicht erforderlich.

e) Halogenfreie Mantelleitungen mit verbessertem Verhalten im Brandfall nach DIN VDE 0250 Teil 214, halogenfreie Kabel mit verbessertem Verhalten im Brandfall nach DIN VDE 0266 und Installationskabel und -leitungen mit derartigen Eigenschaften nach DIN VDE 0815 bieten keinen Funktionserhalt im Sinne des Abschnittes 4 der Leitungsrichtlinien. Dies gilt auch dann, wenn sie auf den Isolationserhalt bei Flammeneinwirkung nach DIN VDE 0472 Teil 814 hin geprüft wurden und dementsprechend ihr Bauartkurzzeichen die Buchstaben FE enthält. Wesentliche Gründe hierfür sind, daß die Aufhängungen und Tragekonstruktionen nicht mitgeprüft werden und die Temperaturbela-

stung während der Prüfung den Gegebenheiten im Brandfall nicht ausreichend gerecht wird.
f) Nach Abschnitt 4.1 der Leitungsrichtlinien sind für Endstromkreise der Sicherheitsbeleuchtung, d. h., für die Leitungen vom letzten Verteiler bis zu den Sicherheitsleuchten, Maßnahmen zum Funktionserhalt nicht erforderlich. Diese Regelung hat in der Praxis aus Kostengründen leider in vielen Fällen zu der – ungewollten und brandschutztechnisch äußerst bedeklichen – Lösung geführt, unmittelbar vom Hauptverteiler aus die Stromkreisleitungen als Endstromkreise auszuführen und auf Unterverteiler zu verzichten. Die Folge dieser Installationsart ist, daß die Endstromkreise über eine längere Strecke gemeinsam als Bündel geführt werden, z. B. in einem Steigeschacht gemeinsam mit den Leitungen der allgemeinen Stromversorgung und sonstigen Leitungen, und einem äußeren Brand ungeschützt ausgeliefert sind. Bei einer Brandeinwirkung auf dieses Leitungsbündel würde die Sicherheitsbeleuchtung in sämtlichen Gebäudebereichen ausfallen, die von diesen Endstromkreisen erfaßt sind.

Beabsichtigt war demgegenüber die in den Richtlinien gebotene Erleichterung nur für Endstromkreise, die einzeln verlegt werden und für die Maßnahmen zum Funktionserhalt nicht mehr praktikabel sind.

Diese Fehlentwicklung wurde inzwischen erkannt. Die ARGEBAU bereitet daher eine Änderung dieser Festlegung vor, mit der die Endstromkreise in die Funktionserhaltsmaßnahmen einbezogen werden sollen und hiervon voraussichtlich nur noch in den Räumen abgesehen werden soll, in denen Sicherheitsleuchten an diese Stromkreise angeschlossen sind. Es wird **dringend empfohlen,** im Interesse des Funktionserhalts der Sicherheitsbeleuchtung im Brandfall bereits dementsprechend zu verfahren.
g) In Sonderfällen sind neben Maßnahmen entsprechend DIN 4102 Teil 12 auch andere Lösungen denkbar, wie z.B. Verlegung der Kabel und Leitungen
 – außerhalb der Gebäude im Erdreich,
 – außen an Gebäudefassaden in brandgeschützten Bereichen, d.h. weit abseits von Fenster-, Lüftungs- und sonstigen Öffnungen,
 – auf der Rohdecke unterhalb des Fußbodenestrichs.

3.2 Verteiler
a) Ein einheitlicher Prüf- und Beurteilungsmaßstab für den Funktionserhalt von Verteilern – ähnlich wie die DIN 4102 Teil 12 für Kabel und Leitungen – liegt nicht vor und ist wohl auch in absehbarer Zeit nicht zu erwarten. Problematisch ist auch, daß die in Verteilern eingesetzten Betriebsmittel wie Schaltgeräte und Schutzeinrichtungen im allgemeinen nur für Umgebungstemperaturen unter 100 °C ausgelegt sind, d. h. bei einem Temperaturanstieg infolge eines äußeren Brandes bereits nach kurzer Zeit ausfallen können.

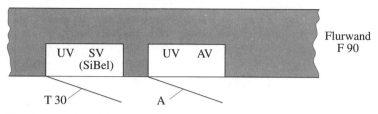

Bild A–3. Beispiel für die Aufstellung eines Unterverteilers der Sicherheitsbeleuchtung
Hinweis:
Der verbleibende Wandquerschnitt hinter den Unterverteilern muß eine Feuerwiderstandsdauer von 90 Minuten (Feuerwiderstandsklasse F 90) haben (siehe Abschnitt 2.1.1 der Leitungsrichtlinien).

Es sollte daher auf Unterverteiler möglichst verzichtet werden, wobei allerdings zu berücksichtigen wäre, daß für vom Hauptverteiler abgehende Endstromkreisbündel der Sicherheitsbeleuchtung Funktionserhaltsmaßnahmen durchgeführt werden müßten (siehe Ausführungen unter 3.1 f)).

b) Für Hauptverteiler ist neben DIN VDE 0108 Teil 1, Abschnitt 4.4, in Verbindung mit Abschnitt 4 der Leitungsrichtlinien auch DIN VDE 0108 Teil 1, Abschnitte 6.3.2 und 6.3.3, zu beachten (siehe Erläuterungen zu diesen Abschnitten). Hieraus ergibt sich, daß auch bei einem erforderlichen Funktionserhalt von 30 Minuten der Raum des Hauptverteilers Wände und Decken gegenüber anderen Räumen haben muß, die eine Feuerwiderstandsdauer von 90 Minuten haben.

c) Die nach Abschnitt 4.2 der Leitungsrichtlinien und DIN VDE 0108 Teil 1, Abschnitt 6.3.3, für Hauptverteiler zulässige »gemeinsame Brandschutzhülle« ist für Unterverteiler **nicht** zulässig (siehe hierzu auch DIN VDE 0108 Teil 1, Abschnitt 6.6.6). Sind bauliche Maßnahmen an den Unterverteilern zur Sicherstellung des Funktionserhaltes erforderlich, so müssen die Unterverteiler allseitig, d. h. auch gegenüber dem unmittelbar benachbarten Unterverteiler der allgemeinen Stromversorgung, mit Bauteilen einschließlich Türen oder Klappen umkleidet sein, die entsprechend der erforderlichen Dauer des Funktionserhaltes eine Feuerwiderstandsdauer von mindestens 30 bzw. 90 Minuten haben **(Bild A–3)**.

Stichwortverzeichnis

A
Abgasführung 40
Abgeschlossene elektrische Betriebsstätten 27, 39
Abschottungen für einzelne Leitungen 141
Akkumulatoren – Batterien 42
Allgemein zugängliche Flure 131
Allgemeine Beleuchtung 23
Allgemeine Stromversorgung 20
Anordnung der Verteiler 73
Anschlußleistung der Leuchten der Sicherheitsbeleuchtung 43
Antriebsaggregat 45
Arbeitsstättenrichtlinie 14
Arbeitsstätten VO 14
Architekt, Fachplaner 25
ARGEBAU 13, 131
Aufstellung von Betriebsmitteln, die Wärme entwickeln 30
Automatische Prüfeinrichtung 42

B
Batterien 42
–, Betriebsanzeige- und Überwachungseinrichtungen 44
–, Erneuerung 100
–, gleichwertige Bauarten 43
–, Ladeeinrichtung 43
–, Prüfung 97, 99
–, Tiefentladeschutz 44
–, Wartung 98
Batterieräume
–, Ausführung 130
–, Be- und Entlüftung 96, 130
–, brandschutztechnische Anforderungen 96, 130
Baugenehmigungsbescheid 14, 26
Bauherr 25
Bauleiter 25
Bauordnungsrechtliche Vorschriften der Bundesländer 13, 21
Behördliche Vorschriften 21, 26
Belastbarkeitsreserve der Stromkreise der Sicherheitsstromversorgung 79
Beleuchtung, allgemeine 23
Berechnung der zu erwartenden Kurzschlußströme 59, 84
Bereichsschalter 103, 107
Bereichsweises Schalten der Sicherheitsbeleuchtung 38
Bereitschaftsschaltung der Sicherheitsbeleuchtung 37, 38
Berühren, Schutz bei 53
Besonders gesichertes Netz 51
Betriebsräume 127
–, Be- und Entlüftung 96, 130
–, brandschutztechnische Anforderungen 96, 127
–, eigene Räume 127
–, Wände/Decken/Türen 130
–, Zugänglichkeit 129
Betriebsmittel, die Wärme entwickeln, Aufstellung 30
Betriebsruhezeit 28, 32
Betriebsstätten, abgeschlossene elektrische 27, 39
Brandabschottungsmaßnahmen 24
Brandgefährdung, Wärmeentwicklung 30, 79
Brandlast elektrischer Kabel und Leitungen 137
Brandschutzkonzept 25
Brandschutztechnischer Raumabschluß 140
Brandwände 140

C
CO-Warnanlagen 21, 116

D
Dauerschaltung der Sicherheitsbeleuchtung 36
DIN 4102 »Brandverhalten von Baustoffen und Bauteilen« 140
DIN 4102 Teil 12 »Brandverhalten von Baustoffen und Bauteilen, Funktionserhalt von elektrischen Kabelanlagen« 144

Durchführen von Kabeln und Leitungen
  durch explosionsgefährdete Bereiche 74
Durchführen von Kabeln und Leitungen
  durch feuergefährdete Bereiche 74

E
Einzelverfügung 14
Elektrische Anlagen für Sicherheitszwecke
  20, 35
Elektrische Betriebsräume 27, 39, 127
EltBauVO 27, 127
Endstromkreise 74, 93, 120
Entwurfsverfasser 25
Erd- und kurzschlußsichere Verlegung 29
Ersatzbeleuchtung 35
Ersatzstromaggregate 45
–, Betriebsverhalten bei Lastwechsel 46
–, Dimensionierung 49
–, Kraftstoffbehälter 50
–, Lastübernahmefähigkeit 47
Ersatzstromquellen, zulässige 32
Explosionsgefährdete Bereiche,
  Durchführen von Kabeln und Leitungen
  74

F
Fehlerstromschutzschalter 38, 58, 104
Fernschaltung 45
Feststellen der selbsttätigen Abschaltung
  bei Kurzschluß 65, 88
Feststellen der selektiven Abschaltung
  bei Kurzschluß 67, 88
Feuerbeständige Wände und Decken
  130, 140
Feuergefährdete Bereiche,
  Durchführen von Kabeln und Leitungen
  74
Feuerhemmende Wände und Decken
  130, 140
Feuerwiderstandsdauer 136
Feuerwiderstandsklassen 136
Flure, allgemein zugängliche 131
Funktionserhalt 143
Funktionserhaltsklassen 144

G
Gefährdungspotential der baulichen
  Anlagen 20
Generatorschalter-Auslösung 89
Getrennter PE und N 29

Getrennte Verlegung 74
Gültigkeit der Norm 4

H
Halogenfreie Leitungen mit verbessertem
  Verhalten im Brandfall 138, 145
Hauptverteiler der Sicherheitsstrom-
  versorgung 40, 71
Hausanschluß- und Meßeinrichtungen
  und Verteiler in Rettungswegen 134

I
Impedanz der Stromquellen 60
Impedanz des Netzes 60
Impedanzen der Kabel-/Leitungsanlagen
  62
Installationsschächte/-kanäle 135
Isolationsmessung 28, 73

K
Kabel- und Leitungsanlagen mit inte-
  griertem Funktionserhalt 144
Kraft-Wärmekopplung 45
Kraftstoffbehälter 50, 120
Kuppelschalter 72
Kurzschlußfall, Abschaltung 65, 79
Kurzschlußschutz der Sicherheitsstrom-
  versorgungs-Anlage 79
Kurzschlußstromberechnung 58, 84

L
Ladeeinrichtung 43
Lastwechsel 46
Leuchten für Sicherheitsbeleuchtung 94
Leuchten von Ausstellungs- und Vorführ-
  ständen 108
Leuchtenaufhängung, sichere 31
Lüftungsleitungen mit Feuerwiderstands-
  dauer 130

M
Motorschutz 31
Muster für Richtlinien über brandschutz-
  technische Anforderungen an Leitungs-
  anlagen 131, 143
Mustervorschriften 11, 13, 22

N
Nachweis der selbsttätigen, selektiven Abschaltung im Kurzschlußfall 57, 80, 97

Netzformen 52
Netzimpedanzen 59
Netzkupplung 72
Netzüberwachung 30, 78
Netzumschaltung 71
Notbeleuchtung 34
Notwendige Sicherheitseinrichtungen 21
Notwendige Treppen 132

P
Personen, Sicherheit 21
Prüfeinrichtung, automatische 42

R
Randbalken 11, 25
Räume und Bereiche mit Sicherheitsbeleuchtung 16, 23
Rechnerischer Nachweis der selbsttätigen, selektiven Abschaltung im Kurzschlußfall 57, 80, 97
Rechnerischer Nachweis der zu erwartenden Fehlerströme 58, 80
Richtlinien über brandschutztechnische Anforderungen an Leitungsanlagen 131, 143
Rettungswege 18, 131

S
Schalten der Sicherheitsleuchten 38, 93
Schnellbereitschaftsaggregat 51
Schutz bei Wärmeentwicklung 30
– bei indirektem Berühren 53
– gegen direktes Berühren 53
Schutzmaßnahmen bei indirektem Berühren 53
–, Funktionskleinspannung 53
–, Schutzisolierung 54
–, Schutzkleinspannung 53
–, Schutztrennung 54
–, Schutz im IT-System durch Meldung 55
–, Schutz im TN-C-S-System durch Abschaltung 57
–, von Insta-Geräten 30
–, von Lampen 31
–, von Motoren 31
Selbsttätige Abschaltung im Kurzschlußfall 65, 79
Selektive Abschaltung im Kurzschlußfall 67, 79
Sichere Leuchtenaufhängung 31

Sicherheit für Personen 21
Sicherheitsbeleuchtung 21, 34
–, Anschlußleistung der Leuchten 43
–, bereichsweises Schalten 38
– für Arbeitsplätze mit besonderer Gefährdung 17, 117
– für Rettungswege 17, 117
– in Bereitschaftsschaltung 37
– in Dauerschaltung 36
–, Leuchten 94
Sicherheitseinrichtungen, notwendige 21
Sicherheitsleuchten, Schalten 38, 93
Sicherheitsstromversorgung 20
Sicherheitsstromversorgungs-Anlage, Kurzschlußschutz 79
Sicherheitstreppenräume 133
Spannungsfreischalten am Verteiler 28
Steckvorrichtungen, unverwechselbar 31, 107
Stromkreise, Zusammenfassung 78, 103
Stromversorgung, allgemeine 20
Sofortbereitschaftsaggregat 51
Stufenweise Aufschaltung der Verbraucherleistung 47

T
Thermischer Schutz von Kabeln und Leitungen 29, 79
Tiefentladeschutz 44
TN-C-S-System-Netz 57
Treppenräume und ihre Ausgänge ins Freie 132

U
Überlappungssynchronisierungs-Einrichtung 98
Überwachung der allgemeinen Stromversorgung 30, 38
– von Aggregaten 51
– von Batterien 44
Umschaltung der Sicherheitsstromversorgung 50, 75
Umschaltzeit 22, 32, 97
Unterdecken 139
Unternehmer 25

V
Verordnung über den Bau von Betriebsräumen für elektrische Anlagen (EltBauVO) 27, 127

Verteiler, Aufbau 73
Verteiler-Normen 28, 71

W
Wärmeentwicklung, Brandgefährdung 30, 79
Wechselrichter 94

Z
Zulässige Ersatzstromquellen 32
Zulässige Kabel- und Leitungsbauarten 29, 103, 106
Zulässige Schutzmaßnahmen bei Betrieb aus der Ersatzstromquelle 52
Zusammenfassung von Stromkreisen 78, 103